阿蘇
森羅万象

大田眞也

弦書房

〈扉写真〉阿蘇北外輪山とハシブトガラス（大田眞也撮影）

ミヤマキリシマ群落（ツツジ科）九州の火山に固有（5月下旬、仙酔峡で．本文51・76頁参照）

火山ガスで赤変したススキ（イネ科）
（2003年9月30日中岳で．本文51・77頁参照）

イワカガミ（イワウメ科）岩鏡の意で、生育地と葉の光沢による（5月下旬、杵島岳で．本文77頁参照）

キスミレ（スミレ科）黄菫の意．大陸系遺存植物の代表種（4月下旬、端辺原野で．本文 79 頁参照）

ヒメユリ（ユリ科）姫百合の意．花は茎の先に1～4個上向きに咲く（7月中旬、山東原野で．本文 80 頁参照）

ユウスゲ（ユリ科）夕菅の意で、夕方に咲き、葉がスゲに似ている（8月上旬、端辺原野で．本文80頁参照）

マツモトセンノウ（ナデシコ科）花は松本幸四郎の紋所に似ている（7月上旬、山東原野で．本文79・80頁参照）

ハナシノブ（ハナシノブ科）葉はシノブに似ている（6月中旬、山東原野で．本文79・80頁参照）

ヤツシロソウ（キキョウ科）八代地域との関係は不明（8月下旬、端辺原野で．本文79・80頁参照）

オグラセンノウ（ナデシコ科）湿地に生育する大陸系遺存植物（7月下旬、端辺原野で．本文80・94頁参照）

クララに止まるオオルリシジミ（雌）．幼虫は牛が嫌いなクララを食草にしている（5月上旬、阿蘇郡南阿蘇村で．本文114・**116**頁参照）

タカチホヘビ　夜行性で少なく、特に生きた姿を見るのは珍しい
（1980年7月27日、菊池渓谷で．本文188頁参照）

シュレーゲルアオガエルの産卵　下の大きいのが雌で、上の2匹は雄
（1988年5月13日、南阿蘇国民休暇村で．本文196・**197**頁参照）

目次

Ⅰ 風土

第一章　阿蘇火山……17

第四章　動物の世界……111

Ⅲ　人間生活

はじめに

阿蘇は、世界最大級のカルデラを有して今日なお噴煙を上げて活動している活火山です。その山名は、古く中国の歴史書『隋書（倭国伝）』（六三六年）に「阿蘇山有り。其の石、故なくして火起こり、天に接すれば…（原漢文）」と見出されます。日本最古の文献『古事記』（七一二年）より七十六年も前のことです。日本には富士山をはじめ多くの火山があるのに阿蘇山が最初に外国にまで知られたということは注目すべきことでしょう。

阿蘇は、昭和九年（一九三四）に、日本で最初の国立公園の一つとして、「阿蘇国立公園」に指定されました。その後、昭和六十一年（一九八六）に隣接する九重火山地域と共に「阿蘇くじゅう国立公園」（総面積七二六八〇ヘクタール）と改称されました。また、国土交通省は、平成二十年十月三日に「阿蘇くじゅう」地区を、全国十六の長期滞在型観光圏の一つに認定しました。

今日、阿蘇を訪れる観光客は年間およそ一九〇〇万人といわれています。阿蘇には他の火山にはない何か人を引きつける特別な魅力が秘められているようです。その最大の魅力はなんといっても一般観光客でも容易に噴煙を上げる火口底を直接に間近から見物できる稀有な場所であるということで、火口見物客は年間約三五〇万人にのぼっています。火口底の煮えたぎる湯溜まりからゆらぎ立ち昇る湯気を見て地球の鼓動を実感し、火口縁に落下した巨大な火山弾やはるか遠くに見える世界最大級カルデラ内壁の幾重もの岩層の重なりから火山の人知を超えた巨大パワーと悠久の時の流れを感じるでしょう。そして、人は己の存在の小ささを自覚して畏敬の念から謙虚になるようです。

国木田独歩は、阿蘇山上に初めて立ったときの印象を小説『忘れ得ぬ人々』に「壮といはんか、美といはんか、惨といはんか、僕等は黙ったまま一言も出さないで暫時石像のように立っていた。この時、天地悠々の感、人間存在の不思議の念などが心の底から湧いてくるのは自然のことだらうと思ふ…」と書いています。また、与謝野鉄幹は、「阿蘇に来て万年の火を借らんとす　更に命を鍛えんがため」と詠み、妻の晶子は「あその火は若きひとみな持ち給ふ　かくぞ覚ゆる火の国に来て」と詠んでいて、阿蘇は人にパワーと勇気を与えてくれるようです。阿蘇の魅力が火山そのものにあることにはだれも異論はないでしょう。

しかし、阿蘇の魅力はそれだけではありません。阿蘇が野生生物の宝庫であることはまだあまりよく知られていないのではないでしょうか。火山の噴火はときに生物に壊滅的なダメージを与えることもありますが、長期的な目でみると、土壌にミネラル分を供給し、地下水を涵養して植物を育て、さらに動物を養うことになります。それは人にとっても住みよい環境となります。そのことはカルデラ内だけでも一市一町一村があって約五万人もが暮らしていることからも分かります。

中岳の火口から同心円状に広がっている植物群落は、まるで植物群落の遷移を時間短縮して同時的に見ているようです。植物群落の多様さは単に植物の種類が多いだけでなく、それぞれに依存して生きる動物の種類も多くしています。また、阿蘇が九州のほぼ中央部に位置していることから、鳥類では日本列島沿い及び朝鮮半島経由の渡りの合流または分岐地に当たっているようで、約一七〇種もが見られています。

一方、阿蘇は標高が高く、冷涼な山地気候は、氷河期の海面低下時にユーラシア大陸から朝鮮半島を経由して日本まで南下し、その後の地球温暖化で隔離されてしまった大陸系の遺存種（コンティネンタル・レリクト）も多く温存し、なかには種分化して阿蘇固有種となったものも少なくありません。このように阿蘇は生物の分布や進化のうえからもたいへん興味深い火山なのです。

このような阿蘇の生物の魅力を一人でも多くの人に知ってもらいたいとの思いから先に『阿蘇の博物誌』（葦書

房、二〇〇二年）を出版しましたが、その生物相がだんだん貧弱になりつつあるのではないかという気がしてきました。固有種や遺存種を多く育んでいる草原面積が減少しているのです。阿蘇の生物世界を代表している大陸的ともいえる広大な草原は、けっして原生なものではなく、人の営みによって管理、維持されている二次的な半自然草原で、火山との共生による文化遺産ともいえるものです。それが社会情勢が変化して草原の価値が低下し、草原状態の維持が困難になりつつあるのです。

阿蘇の自然は、これまで人にとってどんな存在として認識されてきたのでしょうか、草原の価値はどう評価されてきたのでしょうか。温故知新で、これまでを振り返ることで未来のあるべき姿も見えてくるのではないでしょうか。そんな思いから新たに「人間生活」の編を設けるなどして、人にとっての阿蘇の自然の価値を全面的に見直してみることにしました。

本書が、価値観が多様化しているなかで、阿蘇の自然の素晴らしさを再認識するきっかけになってくれればと願っています。

阿蘇の語源

「阿蘇山」という山名の文献上での初出は、中国の『隋書（倭国伝）』であることは「はじめに」でも述べましたが、日本の文献では『筑紫《つくし》風土記《ふどき》（逸文《いつぶん》）』（七一三年頃）の「閼宗《あそ》（阿蘇）の岳と曰《い》う…」という記述が最初のようです。

しかし、「アソ」の呼び名そのものは、文字で書き記されるよりずっと以前からあったはずです。存在が認識されると名が付けられ、名は体を表しているといわれます。「アソ」にはどんな意味が秘められているのでしょうか。語源の常として、「アソ」についてもいくつかの説があります。

その一つは景行天皇の命名説です。景行天皇は『日本書紀』（七二〇年）によると、治世十八年めに九州視察・鎮定の巡狩（長期出張）で阿蘇国を訪ねられています。その国は原野だけが広くて人家はおろか人の姿が見えないのをけげんに思われ、「この国に人はなきや」と仰せられました。すると地元の阿蘇津彦・阿蘇津媛の夫婦神が人の姿に化して御前に忽然と現れ、「われら二人がいます。何ぞ（アソ）人なしと云わんや」と申し上げました。「津」は強調する美辞で、阿蘇の男・阿蘇の女といった意味ですが、阿蘇津彦こそ阿蘇大明神、健磐龍命（一宮）で、阿蘇津媛はその妃神の阿蘇比咩神（二宮）でしょう。天皇は御機嫌麗しく微笑まれ、それを聞き違えてこの地に〝阿蘇〟の名をお与えになったという。なんだか駄洒落かオヤジギャグのような話ですが、古い文献に見出される最古で最有力の説です。

二つめはアイヌ語源説です。アイヌの火山起源神話では、英雄が火をもらいに天に昇っていくと、神が火と灰を下界に投げ下ろされ、それが二つの山頂に落ちてどちらも火山になったとされています。「アソ」はアイヌ語では「火を噴く山」を意味し、同義語に「アソウマイ」や「アサマ」などもあるという。ピッタリの感ですが、しかし、どうして遠くにいるアイヌの命名かという疑問が残ります。

話はちょっと変わりますが、アイヌが主食にしていたサケは、かつて九州の川にも遡行していたようです。福岡県の遠賀川では明治七年（一八七四）まで毎秋定期的なサケ遡行の記録があり、流域での石炭採掘が盛んになってから途絶えたそうです。その後もときどき捕らえられており、平成十四年十二月初めに遠賀川の河口から二十五キロメートル上流の小竹町で雄のサケが捕獲された、と新聞が報じていました。また、遠賀川の上流に位置する嘉穂郡嘉穂町大隈には全国で唯一といわれる鮭大明神を祀った鮭神社もあり、地元ではサケを産霊として崇めているという。十勝ケネ部落のアイヌが自らをサケの後裔と自称してサケをカムイ・チェップ（神の魚）と呼んでいるのと似ていて、両地間の交流の可能性が浮上します。たとえ直接の交流はなかったとしても、古くから中国人にさえ知られていた阿蘇山のことをアイヌが知っていたとしてもなんら不思議ではありません。

このほかにも三つめとして仏教用語説があります。「阿修羅」に由来するというものです。阿修羅は古くには「阿素洛《アスラ》」といい、古代インド神話に登場する地下または海底にすんで、超自然的な力を有する好戦的な悪神一族のことです。いつも天上の神々と敵対していましたが、帝釈天《たいしゃくてん》との戦いに敗れてからは仏法に帰依したと言われています。アスラの原型は古代ペルシャのゾロアスター教の最高神アフラ・マズダとみられていますが、その起源はともかく地下深くから赤熱した火山弾や火山灰（ヨナ）を天高く噴出するさまは阿修羅の怒りそのものと思えなくもありません。つまり阿修羅がすむ山という意味で阿蘇山の名が付いたというものです。

いずれの説も阿蘇山の特徴の一面を捉えていてそれぞれ説得力があります。どの説が正しいかは別にして、このように語源についていろんな説があるということはそれだけ人の関心を集めてきた山であるということだけは確かでしょう。

阿蘇の範囲

阿蘇は地下のマグマが噴出して生成された火山ですから、地質学上からはマグマ起源物質の分布域が阿蘇の範囲ということになりそうです。阿蘇カルデラが形成された噴火では大規模な火砕流が発生しています。火砕流とは、噴出による圧力低下と自らの熱によって膨張し、分断・粉砕されたマグマ起源物質が高温の火山ガスと一体となって一気呵成に流出する現象です。山体を生成するマグマの固体成分は塊の大きさによって大きいものから火山岩塊、火山礫、火山灰などと呼ばれていますが、阿蘇の火山灰は、日本列島のほぼ全域に及んでいて、北海道東部の網走市でも約十五センチメートル堆積しているのが確認されています。これでは広すぎますので火山灰は除いて火山礫以上の堆積物の分布域としますと、それでも西方は有明海を越えて島原半島に達し、北方も海を越えて本州の山口県や四国の愛媛県に達していてまだ広すぎます。

阿蘇山が初出の文献『隋書』（倭国伝）での阿蘇山の範囲は、その記述から噴火活動を続ける中岳の火口を中心とした周辺一帯の割と狭い山域を指しているようです。

一方、今日、日本の地形図の基本になっている国土交通省の国土地理院発行の五万分の一の地形図の索引区分名「阿蘇山」では、中央火口丘群の中央部分（高岳と中岳間の北側）に〝阿蘇山〟と横書きされていますが、山頂の位置や高さは分かりません。阿蘇山は特定の独立峰名ではなく、山域名ということでしょう。

すると再びその山域の境界が問題になりますが、先述の地質学上からの厳密な線引きでは通常の一般的な概念からかけ離れて実際的ではありません。要は外輪山の裾野をどこで区切るかが問題です。線引きについての考え方はいろいろあるでしょうが、いずれにせよ便宜上の問題です。

そこで本書が対象とする阿蘇の範囲は、通常の一般的な概念に、文献引用の便宜を考慮して、具体的にはカルデラ内（阿蘇市と、阿蘇郡の高森町と南阿蘇村）はもちろん、外輪山外側斜面では阿蘇郡（南小国町・小国町・産山村・西原村）と上益城郡山都町《やまとちょう》の緑川右岸の国道218号線以北、それに北向谷原始林（菊池郡大津町）を加えた範囲とします（地形図参照）。

阿蘇全域図（国土地理院発行の20万分の１地勢図「熊本」「大分」「八代」「延岡」を調整して作成）

Ⅰ 風土

第一章　阿蘇火山

中岳の噴煙　1989年10月15日　高森峠より望む

阿蘇

緒方昇

地球は生きていた／その証拠に小さなコブが地表にできた／コブはだんだん大きくなり／地底の火をそこから噴きだした／ドロドロの熔岩がながれた／コブの内部はがらんどうになり／それがペシャンコにつぶれた／つぶれた地表に／またコブができた／また火を噴きだした／さきにつぶれたところは外輪山／そと側はなだらかだが／うち側はオオカミの牙のよう／そこらじゅうに樹木が生え／あたり一面のシダ類は根草となった／春から夏にかけて／とめどなく雨が降った／冬ともなればー／火を噴く山に雪も積もった／雪解けの水は雨水のあとを追い／川となって火口原を貫通した／南側の水は白川／北側の水は黒川／白川は澄み／黒川は濁っていた／白川と黒川は／立野というところで握手をし／外輪山の岸壁を蹴破り／ひと思いに飛び降りた／原始林のブナの木が／このさまをみていて／思いだしては笑った／あとからあとから／無鉄砲に飛び降りるやつがいて／瀧となった／白川と黒川は／交合《まぐわい》をしずかにながれたが／ねむくなるような肥後平野の真ン中で／はじめて仲よくなった／方々へ水の子をわけてやった／まわりにはアシかと見まごう／イネが生えていた／それらの根ッこにも／いくらかずつほどこしをした／ことに火山灰地の黒土には／吸わせるだけ吸わせてやった／天と地のさだめは／ええい　ままよ／たちどまることもできなければ／あとがえりすることもできはしない／間もなく有明海にでた／……

この詩は熊本出身の詩人緒方昇の詩集『天下』に収録されている「阿蘇」の詩の前半部分で、この後には有明海のようすが続いています。詩人が見た阿蘇の姿で、今日の最新の科学的知見からは少しおかしくなった部分もありますが、大筋は合っていて分かり易い構成になっていますので引用させてもらいました。

巨大カルデラ形成

九州の裂け目からマグマ再噴出

第四紀は火山活動や地殻変動が活発な時期で、今からおよそ二七万年前に九州を南北に二分する大きな裂け目から大量のマグマ（岩漿《がんしょう》、冷え固まると火成岩になる）の噴出が再開しました。現代人（ホモ・サピエンス）が誕生するはるか七万年以前のことです。

フィリピン海プレートが北北西の方向に年間三～四センチメートルくらいの速さで移動していて九州の地下で沈み込んでいるのが主な原因とみられています。プレートが沈み込むときにマントルに水が入ると融点が下がり、一五〇キロメートルの深さで玄武岩質のマグマが発生すると考えられています。

西南日本の地質構造を南北に二分して現在なお活動を続けている中央構造線（大断層）は、中生代白亜紀前期のイザナギプレートの東アジア縁辺への沈み込みによって形成されたとみられていて、紀伊半島から四国を横断し、九州では大分県の臼杵から熊本県の八代方向へ延びているとみられています。この臼杵－八代を結ぶ線で九州は南北に二分されていて、北側では沈降（下がり）し、南側では隆起（上がり）しています。そのズレは、GPS（衛星利用測位システム）を使っての測量により、実際には南北方向ではなくて東西方向に生じていることが近年になって分かりました。九州という大きな陸塊が二分されるのですからカッターでスパッと切るようなわけにはいかず、臼杵－八代を結ぶ線の北側にはこれと平行するような大小の断層が密集していて、幅二〇～三〇キロメートルの「別府－島原地溝」と呼ばれる帯状の凹地が形成されています。九州での第四紀の激しい地殻変動は、この

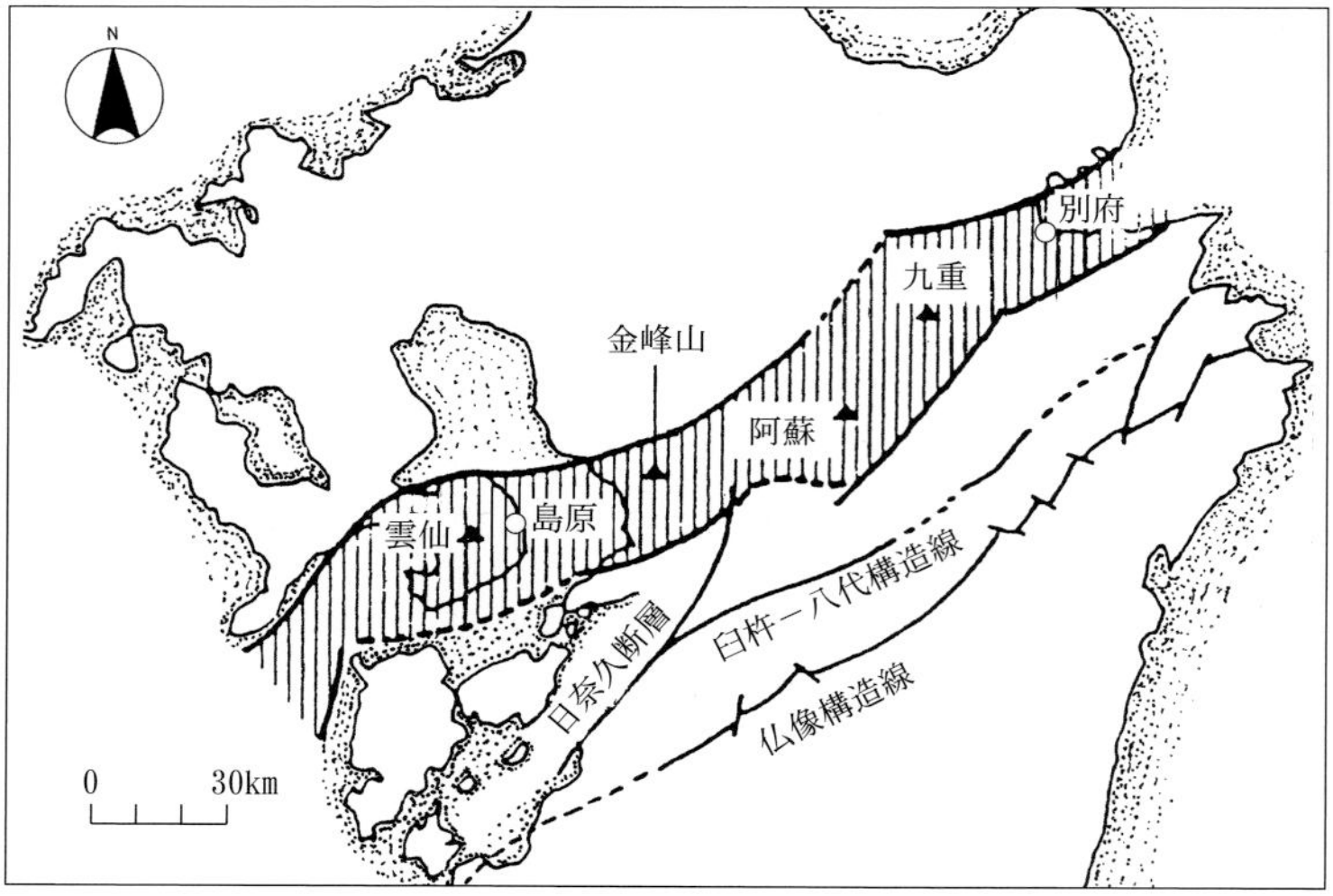

別府－島原地溝（▥の部分）

別府－島原地溝内で起きています。つまり、臼杵－八代構造線（中央構造線）は、別府－島原地溝の南縁に位置する代表的な大断層線ということになります。

　この別府－島原地溝周辺の地表では二三〇〇万年以前の古い岩石や地層がみられるのに地溝内では一五〇〇万年より新しい岩石や地層しか知られていません。この地溝の場所はかつて一時話題になった南葉宗利博士の「阿蘇水道説」の場所とほぼ同じです。かつて別府湾から有明海に通じる九州を南北に二分する阿蘇水道なる地中海があったが、その後の海底火山の噴火による堆積物で埋め尽くされてしまい今日のように九州はひとつの陸塊になったというものです。しかし、実際にそのような阿蘇水道が実在したという地質上の確証は得られず、以前からずっと陸域であったことが実証されています。つまり、別府－島原地溝は溝状の凹地であっても海水は入り込んでいなかったということです。

　別府－島原地溝内では一五〇〇万年前から地表が押し上げられたり陥没したりを繰り返してきました。地下部分が膨張して押し上げられると、地表に亀裂が生じて内部の圧力が低下し、陥没します。陥没した凹地は亀裂から噴出したマグマなどで埋められて再び押し上げられるといったことの繰り返しです。現在は第三段階めにあって、陥没の累計は場所によっては二〇〇〇㍍を超えると推定されています。地溝内には活断層（第四紀に生じ、今後もズレる可能性がある断層）も多く、昭和五十年（一九七五）一月二十三日の阿蘇市一の宮を震源とする阿蘇北部地震（マグニチュード6・1、震度5）はまだ記憶に新しいところです。

二七万年前にマグマの噴出が再開したのは別府－島原地溝の南縁に当たる場所です。一帯は以前からマグマの噴出が盛んで、二二〇万年前から四五万年前にかけても粘り気の強い安山岩質のマグマが噴出して鐘状火山（トロイデ）が幾つも生成されていました。現在の阿蘇カルデラができる以前には、その場所に鞍岳（一一一九メートル）・尾ノ岳（一〇四一メートル）・大観峰（九三六メートル）・清栄山（一〇〇六メートル）・高千穂野《たかじょうの》（一一〇一メートル）・俵山《たわらやま》（一〇九五メートル）など大小あわせて少なくとも十三個の鐘状火山（トロイデ）が生成されていました。火山の寿命は数万年から数十万年とみられており、これらの鐘状火山群もその後に再開したマグマの噴出によって埋められ、阿蘇カルデラの骨子になっています。今日、火山の形状をはっきり留めているのは、そのほとんどが後期更新世（一三万年前）以降に誕生したものです。

活断層　カルデラ内には東西方向の断層が多い（阿蘇市小野で）

噴火の仕組みと様式

マグマは、地下数十キロメートルから数百キロメートルの地殻下部からマントル上部にかけての部分で生じると考えられています。そこでの温度は一〇〇〇度、かかっている圧力は一万気圧くらいとみられ、何らかの原因で温度と圧力の均衡が破れると局所的にマグマが生じるようです。

地下のマグマ溜まり周囲の岩盤に亀裂が生じたりすると、圧力が低下してマグマの揮発成分（大半は水分）が発泡し、膨張して軽くなります。すると浮力が生じて上方へ向かおうとします。いったん上方へ向かい出すと、上方に行くほど圧力が低下しますので発泡が盛んになって膨張し、上昇力が増します。マグマ中の水分が気化して水蒸気になると、体積は一〇〇〇倍以上にもなります。マグマが地表に達すると周囲の圧力が急激に低下しますので爆発的に膨張し、マグマは引きちぎられて揮発成分とともに一気に噴出します。マグマが地表へ噴出する現象を噴火、噴出口を噴火口（単に火口ともいう）、マグマの噴出によって生成された山を火山と呼んでいます。

要するに噴火はマグマの発泡現象であって、噴火によって引きちぎられたマグマの破片は、大きさによって二ミリメートル以下なら火山灰、六四ミリメートル（二の六乗）以上なら火山岩塊、その中間、つまり二ミリメートルより大きく六四ミリメートル未満なら火山礫と呼んでいます。

一方、火山礫や火山岩塊は、噴出時にマグマの粘性がある状態なら火山弾、固結していれば噴石と呼び分けています。さらに、火山礫や火山岩塊が発泡によって多孔質で白っぽかったら軽石（浮石《うきいし》）、黒っぽかったら岩滓《がんさい》（scoria《スコリア》）と呼んでいます。どちらも激しい発泡の産物で、短時間に大きなエネルギーが解放された激しい噴火であったことを物語っています。

揮発成分はひっくるめて火山ガスと呼んでいます。九五パーセント以上は水蒸気で、ほかに二酸化炭素（CO_2）や二酸化イオウ（SO_2）・硫化水素（H_2S）・塩化水素（HCl）などが含まれています。マグマの揮発成分は、マグマを上昇させて噴火させる大きなはたらきをしています。

噴火の様式は、マグマの粘性によって大きく変わります。マグマの粘性が強いと発泡しにくいのでエネルギーが蓄積されやすくて噴火は激しくなります。逆にマグマの粘性が弱いと発泡しやすいのでエネルギーが発散されて蓄積されにくいので噴火は比較的穏やかなものとなります。マグマの粘性には二酸化ケイ素（SiO_2）の含有量が関係していて、二酸化ケイ素の含有量が多いと粘性は強まり、少ないと弱くなります。二酸化ケイ素は石英やガラスの主成分で、含有量が多いと冷え固まった火成岩は白っぽく、逆に少ないと黒っぽくなります。それで火成岩の色の濃さで噴火様式をある程度予測することができます。

プリニー式噴火

今からおよそ二七万年前に九州のほぼ中央部で再開した噴火はプリニー式と呼ばれるものでした。プリニー式噴火は巨大な噴煙を上げて火砕流を起こすのが特徴です。大量の火山灰と軽石を含んだ高温高圧の噴煙が急激に膨張しながら、周囲の空気を熱して上昇気流も発生させて勢いよく上昇します。ちょうど真夏の日中に太陽の強い日射を受けた地表近くの空気が温まって上昇して積乱雲（入道雲）が発生するのと同じ原理で、それが比較できないくらい強烈なものと想像すればよいでしょう。軽石は先述のように粘性の強いマグマが激しく発泡した産物で、火山灰はその軽石が細かく砕け散ったものです。噴煙柱はときに五〇キロメートルの高さを超え、対流圏を尽き抜けて成層圏にまで達します。

噴煙が上昇しきると、今度は噴煙中の軽石や火山灰が重力によって落下し始めます。なにしろ五〇キロメートル以上もの高さからの落下ですので加速度がついて地表近くではものすごい速さになり、まだ高温の塊《かたま》りのままで山の斜面を下ることになります。これを火砕流、古くには熱雲（ヌエ・アルダン）と呼んでいます。物理学では粉体《ふんたい》流と呼ばれている、固体と気体が混じり合った状態で一気呵成《かせい》に流れる現象です。六〇〇〜八〇〇度の火山ガス中に軽石や火山灰、あるいは途中で取り込んだ岩片などが浮いた状態のまま一団となって時速一〇〇キロメートルを超すような速さで一気に流れ下るのです。それがまるでホバークラフトのように海面上さえ進むのです。

平成三年六月三日に長崎県の雲仙・普賢岳（一三五九メートル）の地獄跡火口で発生した火砕流は東側斜面を一気に下って水無川流域の島原市上木場地区を瞬時にして埋め尽くしました。四十三人もの死者が出て、その中にはフランスの火山学者クラフト夫妻も含まれていました。火砕流の堆積物は八七〇万立方メートルと推定され、上空高く昇った噴煙からの火山灰は有明海を越えて、私が住んでいる対岸の熊本県内にも広く降りました。雲仙・普賢岳の噴火とほぼ同時期の同年六月十二日から十六日にかけてのフィリピンのピナツボ火山での約六〇〇年ぶりとい

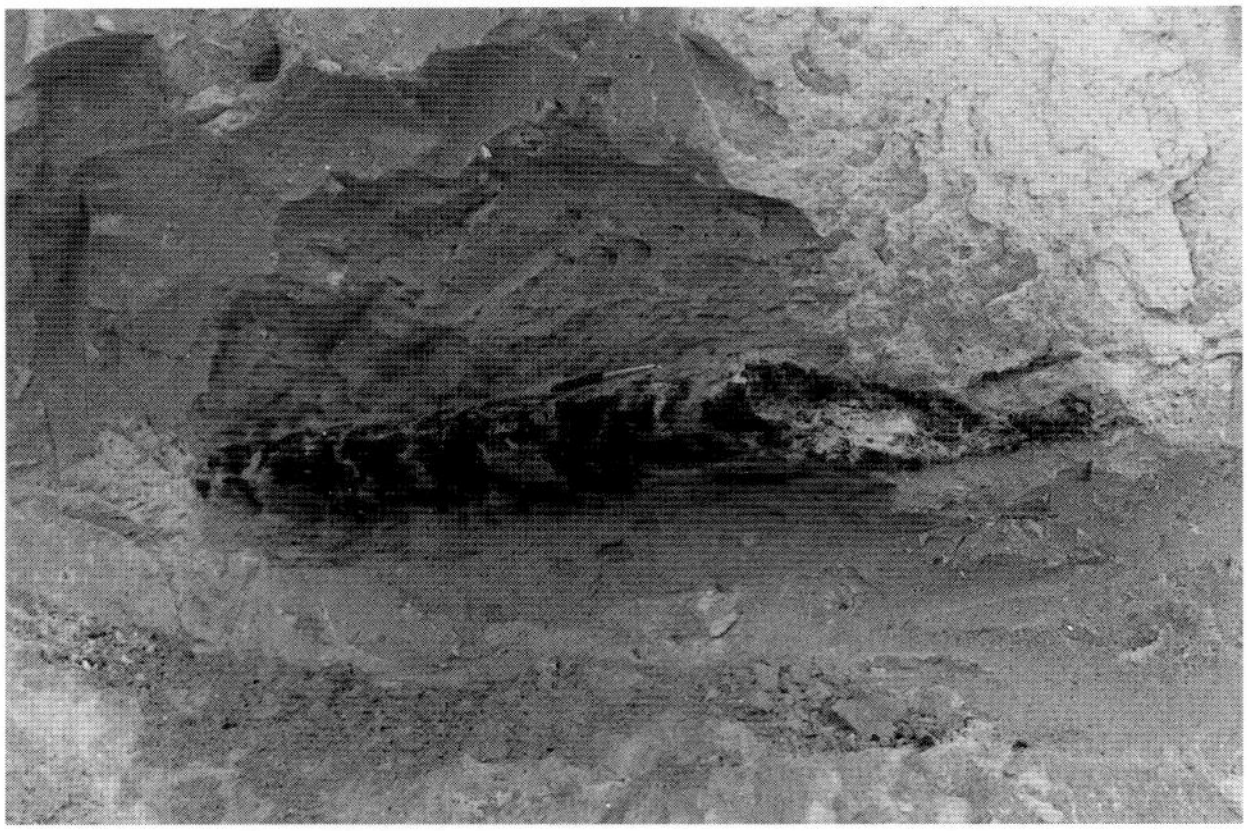

炭化木　およそ25000年前の始良カルデラの入戸火砕流で蒸し焼きにされ圧し潰された樹木（熊本県球磨郡相良村柳瀬永谷で）

われる大噴火での火砕流は、火口から約二〇キロメートル地点にまで達し、その堆積物は五立方キロメートル以上と推定されています。雲仙・普賢岳の火砕流がもしこの程度の規模だったなら有明海を渡って熊本県内にも達していたかもしれません。

明治三十五年（一九〇二）五月八日朝の、西インド諸島マルチニック島の活火山モンペレーの噴火での火砕流はわずか一〜二分間で約八キロメートル離れた山麓の海岸にあるサンピエール市街に達して瞬時に埋め尽くし、二万八〇〇〇人もが死亡し、生き残ったのは地下牢にいた囚人わずか一人だったという二〇世紀最大の噴火災害をもたらせました。

大規模な火砕流というと、西暦七九年にイタリア半島西海岸のベスビオ火山の大噴火によるものがよく知られています。古代都市ポンペイが一夜にして火砕流堆積物で埋め尽くされ、全人口の一割に当たる約二千人もが死亡したという。噴火様式のプリニーは、この噴火で死亡した古代ローマ海軍の提督で博物学者でもあったプリニウス（二三〜七九年）にちなんでいて、その英語読みによっています。

プリニー式噴火では、成層圏に達した細かい火山灰が地球を一周して太陽光を遮り、気温が低下することもあります。天明三年（一七八三）の浅間山大噴火では成層圏に達した火山灰が地球を取り巻いて日光を遮り、数年間、世界全体に冷害を発生ないし助長させたといわれています。また、近年では、昭和五十七年（一九八二）春のメキシコのエル・チチョン火山の大噴火では北半球の平均気温が〇・五度低下したともいわれています。また、火砕流が通ると地表のあらゆるものが焼き尽くされて軽石や火山灰、岩片などだけからなる無機的な廃虚と化してしまいます。

巨大な複合カルデラ誕生

火砕流堆積物が一〇立方キロメートル以上になるような大規模な噴火では、地下のマグマ溜まりの空洞化によって天井が崩落して巨大な凹地ができがちです。凹地の直径が二キロメートル以上だとポルトガル語で〝大鍋〟を意味する「カルデラ」と呼んでいて、カナリア諸島のラ・パルマ島の火山性凹地に対して初めて使用されました。カルデラを生じるような大規模な噴火を「カルデラ噴火」とも呼んでいます。

日本での最新のカルデラ噴火としては、今からおよそ六三〇〇年前の縄文時代に鹿児島県の硫黄島（鬼界ヶ島）周辺で起きた鬼界カルデラの噴火があります。今日、鬼界カルデラは海面下にありますが、この噴火での火山灰は鮮やかなオレンジ色をしていることから「アカホヤ火山灰」と呼ばれ、西日本のほぼ全域に堆積しています。このアカホヤ火山灰層を境に上下の層では出土する土器の様式が大きく異なることから、この噴火は西日本の縄文人に壊滅的なダメージを与えたようです。

今からおよそ二七万年前に九州のほぼ中央部で再開した噴火は、初めのうちは軽石を噴出する程度のものでしたが、後では大規模な火砕流を発生するものへと発展し、およそ九万年前まで数万年間隔で八～一〇回の大規模な噴火がありました。大規模な噴火があると周囲の生物の世界は壊滅的なダメージを受けたようですが、噴火が収まると周辺部から生物がすぐ進出してきて新たに生物の世界が形成されたようです。大規模な噴火のたびに周囲の生物の世界は壊滅と再生を数万年間隔で繰り返してきたようです。

噴火活動には四つの大きなピークが認められていて、それぞれのピークごとの火砕流堆積物はいずれも二五立方キロメートルを超えています。これは先の雲仙・普賢岳の火砕流堆積物の約三千倍に近い体積です。従って、少なくとも四回は陥没によってカルデラが形成され、そのつどカルデラは拡大していったとみられます。それぞれの噴火

アカホヤ火山灰層　およそ6300年前の鬼界カルデラ噴火での火山灰は
鮮やかなオレンジ色をしている。（北外輪山上のミルクロード脇で）

阿蘇カルデラと中央火口丘群　南西方上空から望む（2008年11月12日撮影）

の噴火口がどこだったかは特定されていませんが、同一の噴火口でなかったことだけは確かとみられています。

地形図で北外輪山の内縁を見ると、波形状の凹凸があることに気づきます。内側に張り出た部分を阿蘇ではヒトの顔の鼻にたとえて「鼻」と呼んでいますが、主なものだけでも七つあって〝阿蘇の七鼻〟などと言われています。その一つ遠見ヶ鼻（大観峰）の先端から西方を見ると兜岩《かぶといわ》の出っ張りとの間は大きく湾入しています。一方、東方を見ると象ヶ鼻の出っ張りとの間にも同様の大きな湾入が認められます。これらの湾入地形は、四つのピーク時のいずれかの噴火によって形成されたカルデラ内壁の一部とみられます。要するに、今日の阿蘇カルデラは最低でも四個以上のカルデラが複合されてできているということです。かつて外輪山を裾野とするような巨大な独立峰の火山があって、その山頂の火口で繰り返し噴火してできたものではないということです。現在、阿蘇のカルデラがある場所は二二〇万年前から火山活動が活発で、カルデラ形成以前に大小十三個以上の鐘状火山（トロイデ）があったことは先述しましたが、これらの火山を二七万年前から再開した噴火によって破壊し、埋め、骨子としてカルデラが形成されたのです。阿蘇の七鼻と呼ばれているカルデラ内壁の出っ張りはその十三個以上あった古い火山体の一部であって、カルデラが不整形なのはそのためです。

カルデラは、形成後も内壁の崩落や浸食作用による後退によって内径が拡大し、現在では南北約二五キロメートル、東西約一八キロメートル、周囲は一二八キロメートルで、屋久島の周囲（約一三〇キロメートル）とほぼ等しく、面積約三〇七平方キロメートルという世界最大級のカルデラへと成長しています。

膨大な火砕流堆積物

巨大なカルデラができた噴火ですから噴出した火砕流堆積物も膨大な量です。最後の四つめのピーク時の噴火は特に大規模で、火砕流は海を渡り本州や四国にも達し、噴火口から約二〇〇キロメートルの範囲に及んでいます。火砕流が通った跡は地上のあらゆるものが焼き尽くされて死の世界と化したようです。外輪山西北外側斜面の菊池市

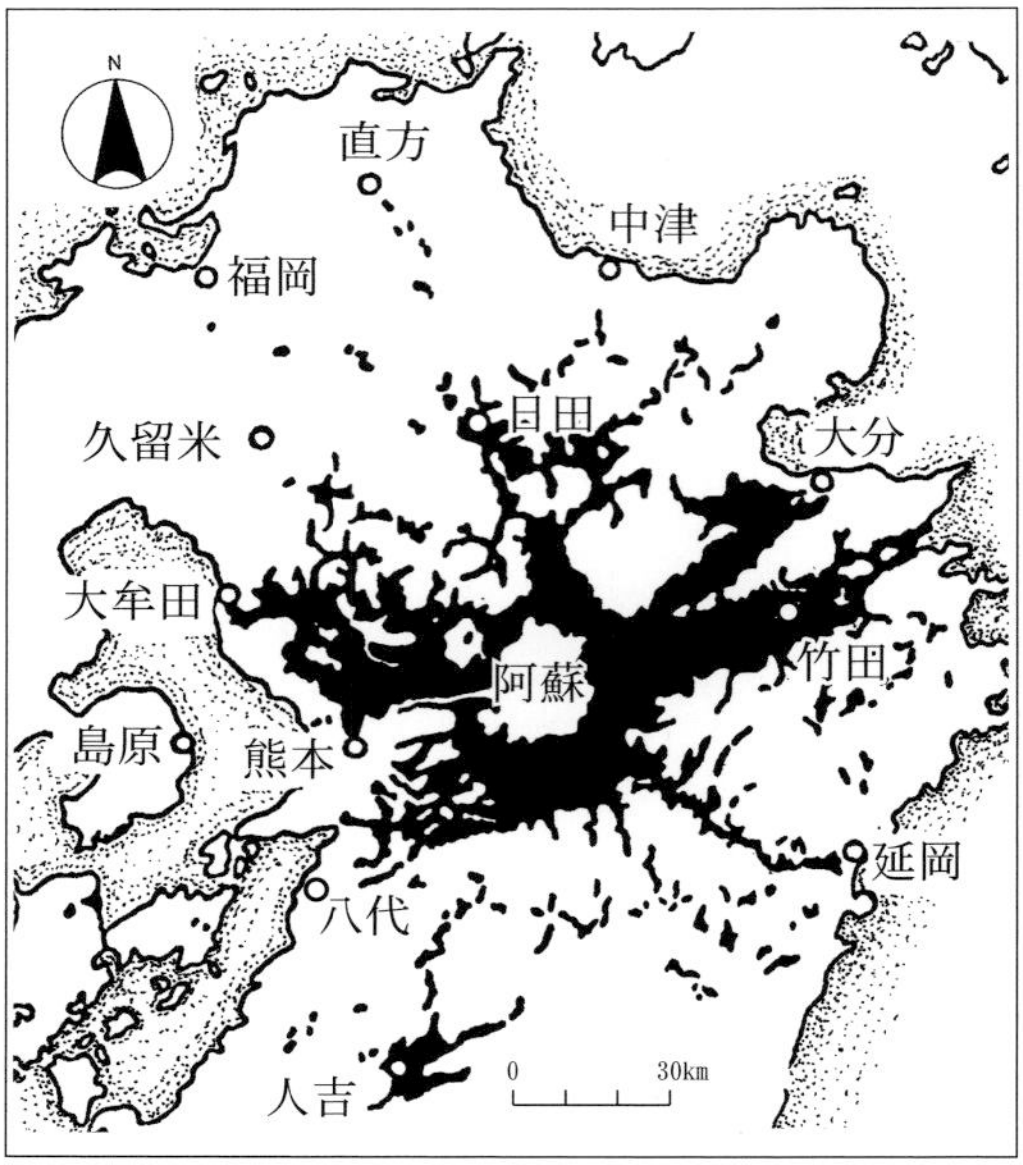

阿蘇火砕流堆積物の分布図（松本唯一氏、1943 年作成より）

柱状節理が発達した阿蘇溶結凝灰岩を五ヶ瀬川がほとんど垂直に浸食してできた高千穂峡

鳳来では火砕流で蒸し焼きにされた炭化木が見られますし、阿蘇から北北西方向に約五〇キロメートル離れた大分県日田市の小野川の川底からは表面が焼け焦げた直径約一・五メートルもある大木数十本を含む大規模な埋没林も見つかっています。火山灰はほぼ日本列島全域に広がったことは先述のとおりで、堆積物の総量は八〇立方キロメートル以上と推定されています。

今から二七万年前の噴火再開から九万年前までの火砕流堆積物の総体積は、一七五立方キロメートルとも三二〇立方キロメートル以上とも推定されていて、これは平成三年の雲仙・普賢岳噴火での火砕流堆積物の二万～三万六千倍に相当します。その広がりは四〇〇〇平方キロメートルに及び、九州の中部に多くの台地を形成していて、その厚さは平均でも五〇メートル、厚い場所では二〇〇メートルを超えています。

火砕流堆積物は、堆積時に低温ですと軽石と火山灰が均質に混じり合った非溶結のシラス状になります。そのようなシラス状の火砕流堆積物は、熊本市の京町台地をはじめ、熊本市周辺の台地にも広く分布しています。

一方、堆積時に七〇〇度以上の高温ですと堆積物が溶解して固結し、溶結凝灰岩（阿蘇の灰石）と呼ばれる固い岩石になります。主に谷部で見られ、強く溶結した阿蘇溶結凝灰岩では自重で圧縮されて凸レンズ状になった天然ガラスともいわれる黒曜石の斑晶が認められるのが特徴です。また、冷却するときの収縮で柱状節理が発達しやすく、浸食されるときも柱状のまま剥がれ落ち易いので、垂直に近い断崖をなすことが多く、熊本県内では菊池市の菊池渓谷や上益城郡山《やま》都《と》町《ちょう》の内大臣峡と蘇陽峡、それに宮崎県の高千穂峡などでは見事な断崖が見られます。断崖の高さは場所によっては一〇〇メートルを超え、いずれの地も景勝地となっています。

側火山

大きい火山には側火山（寄生火山）がつきもので、富士山は側火山や寄生火口が約七〇と日本一多いことでも知られています。阿蘇火山にも外輪山西部の外側山麓に赤井火山（三二〇メートル）と大峯火山（四〇九メートル）の側火山が誕生しています。どちらもカルデラ形成時の火砕流堆積物と同質の岩石から成っていることから阿蘇火山本体と同じマグマによって誕生したとみられています。

赤井火山は、阿蘇カルデラ形成に至る噴火活動の第一と第二ピーク間に誕生しました。上益城郡益城町赤井にある円形の浅い火口跡は現在は水田になっていますが、南西方向に流出した黒っぽい安山岩質の溶岩は熊本市の地下に広く分布しており、多孔質で割れ目も多く、大量の地下水を含んで熊本市六七万人の重要な水瓶となっています。この溶岩はなぜか砥《と》川《がわ》溶岩（同じ益城町の近くに砥川の地名あり）と呼ばれています。

大峯火山は、第三と第四ピーク間に誕生しました。阿蘇郡西原村にあり、山頂部に西方に開口した直径一五〇メートル、深さ二〇メートルほどの火口跡が認められ、西方に流出した大量の溶岩（高遊原溶岩）は、東西約九キロメートル、南北約四キロメートル、厚さ約一〇〇メートルほどの高遊原台地（海抜一四〇～二〇〇メートル）を形成していて、その台地上の平坦部には阿蘇くまもと空港が開港しています。

カルデラ湖

カルデラ底（火口原）は、現在、海抜三七〇～五五〇㍍の高さがありますが、カルデラ形成当時は海抜マイナス三〇〇～六〇〇㍍の深さで、雨水や周囲からしみ出た地下水が溜まって湖が誕生しました。阿蘇カルデラ湖です。

カルデラ湖にはその後、数万年間にわたってカルデラ内壁が浸食されてできた礫や砂・シルト・粘土、それに噴火による火山灰などが堆積しました。堆積した湖成層の厚さはボーリング調査で、阿蘇谷東部の阿蘇市一の宮町では三二〇㍍、南郷谷の南阿蘇村白水では八〇〇㍍以上もあることが確認されています。湖成層の一部は阿蘇谷では九州横断道路上り口付近で、南郷谷では久木野から長陽にかけての白川両岸や高森町下色見のカルデラ内壁などで見ることができます。

このうち、久木野層と呼ばれている凝灰質シルトや粘土からなる厚さ約五〇㍍の地層からは淡水産の珪藻化石が産出します。また、阿蘇谷西北部の阿蘇市萱原《かやばる》の沼鉄鉱（水酸化鉄）床にはヨシの茎が多く含まれており、湖の末期には岸辺に葦原が広がる光景も見られたようです。しかし、魚などの動物の化石は見つかっておらず、動物が生息するのには厳しい湖だったようです。

カルデラ湖は、その後、外輪山西部の立野火口瀬一帯でカルデラ壁（外輪山）の決壊や溶岩流による修復が何度か繰り返され、湖もそのつど干上がったり再生したりを繰り返したようです。立野火口瀬のすぐ南には北向山断層と呼ばれる落差二〇〇㍍もの北落ちの正断層があり、その南西方向の延長先は熊本地域の布田川活断層につながっているとみられています。また、そのすぐ北側にも南落ちの正断層があり、立野火口瀬一帯には東西方向の断層が数多く集中しています。外輪山に断層によって亀裂が生じると、そこから湖水がしみ出て外側から浸食

立野火口瀬↓。 カルデラ内の地表水はここから白川となって流れ出ています。(西方上空から望む)

柱状節理が発達した立野溶岩（輝石デイサイト）は、かつて古い火口瀬を
一時埋めてカルデラ内の水をせき止めていました。

が進みます。そしてついには決壊し、土石流が発生します。下流の熊本市東部の巨大な岩塊を含む砂礫からなる託麻台地はその時の土石流堆積物でできました。一方、断層が多い場所ではマグマの噴出もしやすいので、決壊箇所が溶岩によって塞がれて修復され、湖が再生されるといった具合です。

カルデラ湖は、南郷谷側が深かったようですが、四万年くらい前に干上がったようです。一方、阿蘇谷側では湖成層に含まれている淡水産の珪藻や、花粉の化石、あるいは舟の櫂《かい》の出土などから中部では約八〇〇〇年前、西部の黒川下流域では約六〇〇〇年前くらいまで一部残っていたようで、その後、立野火口瀬を塞いでいた溶岩の浸食が進んで谷が深まり、干上がったようです。

〈健磐龍命の外輪山蹴破り神話〉

阿蘇カルデラ湖の消滅は、神話の世界では阿蘇大明神、健磐龍命（一宮）の外輪山蹴破りによるとされています。健磐龍命は神武天皇の第二皇子、神八井耳命《かんやいみみのみこと》の御子で、神武天皇にとっては孫にあたります。

命は、天皇から九州平定に遣わされて、日向（宮崎県）から五ケ瀬川沿いに馬見原（熊本県上益城郡山都町《やまとちょう》）、草部《くさかべ》（熊本県阿蘇郡高森町）を経て阿蘇入りされました。外輪山上からは西方の眼下に満々と水を湛えた湖が見えました。古くには介鳥湖《かいちょうこ》と呼ばれていたようです。外輪山東部からは中央火口丘群が半島のように突き出ていました。南郷谷側から阿蘇山に登る途中にある船繋《つなぎ》石や船繋松の跡などは当時の名残とみられています。

命は、湖水を抜いて田にしようと思われました。そこでさっそくここぞと思う外輪山の一番低い場所を力まかせに蹴られました。しかし、うまく蹴破れませんでした。それもそのはずで、その場所は現在の二重ノ峠あたりで、山が二重になっていたのです。それでよく調べ直して再挑戦されたところ、今度はうまく蹴破れて湖水がどっと西方に流れ出ました。その蹴破られた跡が現在の立野火口瀬で、湖水が流れ下った跡が白川というわけです。

立野（たての）の地名は、勢いあまって尻餅つかれた命が〝もう立てぬ〟と言われたことからついたとか。蹴破られた際に命の足指についていた土が落ちた場所が阿蘇市黒川の「指塚」で、大きな土くれが落ちた場所が菊池郡菊陽町の「津久礼《つくれ》」、熊本市小山町の小山山（一九〇㍍）や戸島町の戸島山（一三三㍍）もそのときの大きな土塊が落ちてできた山だそうです。合志《こうし》市の「合志《こうし》」は小石、菊池郡大津町の「引水」は湖水が引いた跡の意味だとか。また、カルデラ湖の主《ぬし》の大ナマズが流れ着いたのが上益城郡嘉島町「鯰《なまず》」で、同町の「六嘉《ろっか》」はその大ナマズが六荷（天秤棒で六回分）あったことによっているとか。

なかなかよくできた地名説話で、おそらく和銅六年（七一三）の風土記選進の詔勅《しょうちょく》（公式指令）によって収録されて整理されたものが年月を経てだんだん洗練されて出来上がったのでしょう。

中央火口丘群生成

カルデラ湖底から噴火

カルデラ湖誕生から間もなくして、湖底で噴火が始まりました。阿蘇市黒川の北西方にある三つの小丘からなる本塚火山（五七四㍍）からおよそ四万六〇〇〇年前に噴出した溶岩のうち海抜五一〇㍍以下のものは水中でできる枕状溶岩にそっくりです。枕状溶岩ができるようすは一九七〇年代にハワイ沖の海底火山噴火のとき初めてビデオ撮影され、日本のテレビでも放映されましたが、海中に流れ込んだ溶岩の先端部の殻が破れて内部の溶岩が次々と前進していくのがよく分かり、冷え固まった溶岩は枕状をしていました。また、カルデラ西部にある栃

雲海に浮かぶ中央火口丘群は「釈迦の涅槃像」に見立てられています。（北外輪山上から望む）

木温泉の北東斜面では湖成層に重なる烏帽子岳基底溶岩に、酸性の溶岩が水中に流下したときにできやすいとされている真珠岩も見出されています。

今からおよそ八万年前に、カルデラ湖のほぼ中央で中岳の本体が噴火を始めて、現在の高岳から草千里ヶ浜一帯にかけての中央火口丘群の基礎ができました。中岳は現在も噴煙を上げていて最も新しい火山と思われがちですが、実は中岳の本体は中央火口丘群の中では最も古くて息長く活動している火山体なのです。高岳・楢尾《ならお》岳・御竈門《おかまど》山・夜峰なども同じグループで中央火口丘群では古い火山体です。この中岳グループと、最も新しい杵島《きしま》岳（三四〇〇〇年前）・往生《おうじょう》岳（三〇〇〇〇年前）・米塚《こめつか》（二〇〇〇〇年前）などのグループの間に烏帽子《えぼし》岳や草千里ヶ浜火山（三万年前）などの噴火があったとみられています。

中央火口丘群というと、すぐ釈迦の涅槃《ねはん》像に見立てられている五岳が思い浮かびますが、実は、ある程度独立した山容を呈して山名が付いているものだけでも十七山あり、火口跡は大小あわせて五〇個近く確認されています。これらはいずれも臼杵－八代構造線（中央構造線）のすぐ北側に並行する大分－熊本構造線の直上にあって、カルデラを南北に二分するように東西方向に直線状に並んでいます。およそ八万年前から一五〇〇〇年前にかけて中央火口丘が断続的に数多く生まれ、密集してそれぞれの噴出物が複雑に重なり合っていますので、正確な個数や生成課程などの詳しいことはまだよく分かっていません。

人が阿蘇に住み始めたのは今からおよそ二万四〇〇〇年前ですので、われわれの遠い祖先は中央火口丘の生成に何度か遭遇しているはずで、そのたびにきっと恐れおののいたことでしょう。

〈阿蘇五岳今昔〉

阿蘇の中央火口丘を代表する〝阿蘇五岳〟は、外輪山上から見える山容が仏教隆盛期に「釈迦の涅槃像」や「寝観音」に見立てられて有名になりました。つまり、東端の根子岳が仏の顔、高岳が胸、中岳が腹で噴火口が臍、杵島岳と烏帽子岳が足というわけで、説明されるとそう見えなくもありません。

ところが『肥後国誌』（森本一瑞、一七七二年）での阿蘇五岳は猫岳（根子岳）、高岳、御岳（中岳）、往生岳、楢尾岳となっています。顔から腹にかけての山体は現在と同じですが、足の見立てが異なっています。ただ、杵島岳と往生岳は隣り合って山容もよく似ており、大日本帝国陸地測量部の地形図（一九〇五年）を境に岳名が入れ替わって逆になっています。どうしてそうなったのかは分かりませんが、足に見立てられている山体は同じです。従って残る足に見立てる山体が楢尾岳から烏帽子岳に入れ替わったことになります。その理由や時期もよく分かりません。

五岳ほかのプロフィール

《根子岳（一四三三メートル）》

阿蘇五岳の中で最も東端に位置していて、東側の裾野は外輪山とつながっています。東西方向の稜線は鋸歯状で、釈迦の顔に見立てられています。最高峰の天狗岩を中心に四方に深く険しい谷が刻まれていて、見る方向によって山容が大きく異なることから古くには七面山とも呼ばれていました。浸食が進んで現在、火口跡は残って

カルデラ内に突入したような形をした外輪山の一部である根子岳（南郷谷側）

いませんが、東西の斜面に溶岩流や火山噴出物が層を成しているのが見られることから、かつては山頂部に大きな火口を有する成層火山だったことが分かります。その山頂はおそらく高岳（一五九二㍍）よりも高かったと推察されます。

火口からの噴火後に、南西の山口谷、南東の地獄谷、北東の鏡ヶ宇土にそれぞれ平行するように岩脈が放射状に貫入し、引き続いて天狗岩を中心として東西方向に岩脈の貫入があって火口を破壊したようです。その後、断層や浸食によって現在のような独特の山容を呈するようになったようです。天狗岩岩脈の西端部は魚尾状をなして露出しており、急冷の跡が認められます。このように岩脈の末端部が露呈しているのは日本はもとより世界的にも大変珍しいことといわれています。根子（ネコ）は、古くには石を意味していた語だとか、浸食されて根元だけが残った根残りの意味だとかいろいろに言われています。

民話の世界では猫岳で、トラのようなネコの大王がすんでいて毎年大晦日の除夜に近在のネコたちを集めて会議をするのだそうです。私が生まれ育った熊本市内でも、子供のころネコがいなくなったりすると、よく年寄りから猫岳に登ったのだろうと聞かされたものです。

根子岳は中央火口丘を代表する五岳の一つに数えられているものの、唯一自然林で覆われていることや離れて位置することから疑問視されていましたが、岩石の年代測定の結果、カルデラ形成前の古い火山体であることが判明しました。やはり中央火口丘群の一員ではなくて、外輪山の一部だったのです。つまり外輪山からカルデラ内に大きく突出した〝根子ヶ鼻〟とでも呼んだほうが相応しい山体なのです。

中岳の噴火口　人の耳介に似た形に見えませんか。

《高岳（一五九二㍍）と丸山（一一八六㍍）・鷲ヶ峰（約一四二〇㍍）》

五岳はもとより外輪山を含めた阿蘇の山々での最高峰で、その高さは一《ひ》(肥)五《ご》(後)九《く》二《に》(国)と覚えやすい。北西斜面に見られる見事な岩層からも分かるように成層火山で、山頂部に東西七五〇㍍、南北五〇〇㍍ほどの南東方向に開いた馬蹄形の浅い火口跡が認められます。

南面は人を寄せつけない断崖で、眼下の南斜面中腹には山頂部に南方に開くような三重の火口跡らしいものが認められる丸山（一一八六㍍）があります。その上空一帯ではイヌワシの雄飛が昭和五十年（一九七五）代初頭まで見られたものです。

北面も北尾根と呼ばれている険しい岩場で、平成十四年八月十六日に一四五〇㍍地点の岩陰で、ビンズイの孵化後間もない雛三羽が入った巣が九州では初めて発見されました。隣接する鷲ヶ峰（約一四二〇㍍）の屹立する岩峰群は、九州でのロッククライミングの名所になっています。浸食が進んで分かりにくいが成層火山で、山体の一部が高岳の噴出物で覆われていることから高岳より古い火山であることが分かります。

《中岳（一五〇六㍍）》

中央火口丘群の中央部に位置するから中岳で、古くには御嶽とも呼ばれていました。中央火口丘では最も古くから火山活動を続けていて、現在なお中腹にある火口から噴煙を上げている息の長い成層火山です。

火口は、三重構造になっていて、現在も噴煙を上げている火口の南側に広がっている砂千里もかつての火口跡です。現在、噴煙を上げている最も内側の新しい火口は、人の耳介に似た形をしていて、東西約四〇〇㍍、南北約九〇〇メートル、周囲約四キロメートル、深さ約一五〇メートルほどの大きさがあり、その中にさらに七つの小火口があります。これらのうち現在噴煙を上げているのは第一火口（北の池）です。

一切衆生《わかくさ》の罪に代りて立ち上る煙ぞ神の姿なりける

この古歌は、中岳の火口からの噴煙を火口底に鎮まっておいでの阿蘇大明神の荒御霊が人の罪をあがなうために身を焦がしておられる姿に見立てています。かつて人々は中岳を霊山として仰ぎ、火口の湯溜まりを神霊池とか御池と呼び、火口を訪れることを御池参りなどとも言っていたという。それで噴火や爆発があると、阿蘇大明神の怒り、神霊の祟りとして恐れおののいたという。中岳の噴火や火山信仰については後でまた詳しくみていくことにします。

《杵島岳（一三二一メートル）と米塚（九五四メートル）・往生岳（一二三八メートル）》

人工スキー場の跡がある円錐形の山で、いくつもの火口跡を有しています。山頂近くに直径約二五〇メートル、深さ約六〇メートルほどの火口跡があるほか、東側の中腹にも大鉢とか大鍋と呼ばれる直径約五〇〇メートルの大きな側火口跡があり、その中にはさらに小鉢とか小鍋と呼ばれる直径約一五〇メートルの火口跡が認められます。また、その二重火口跡の南側にも北向きに半円形に開いた火口跡が認められます。山体はスコリアから成っていますが、初期の噴火では北側や西側の山麓から流動性に富んだ溶岩も流出しています。

杵島岳からの眺望は素晴らしく、北方の眼下には砂時計の砂山のように均整のとれた見事な円錐形をした米塚が見えます。典型的なスコリア丘で、底辺の直径は約三八〇メートル、高さ約八〇メートルほどで、斜面の傾斜は安息角《あんそくかく》の三〇度程度で、山頂部に直径約八〇メートルの火口跡が見えます。米塚は、神話の世界では阿蘇大明神、健磐龍命（一宮）が阿蘇中の収穫米を積み上げられてできたもので、山頂部の凹みは米をすくい取って村人に与えられた跡とされています。

米塚は、杵島岳の溶岩原上に誕生した火山で、初期の噴火では基底部から粘性が弱く流動性に富んだ溶岩を北

米塚　典型的なスコリア丘で、見事な円錐形をしています。

溶岩トンネル　流動性に富んだ溶岩の内部が流れ出て空洞ができました。（米塚の北西麓で）

方に広く流出しています。その先端は阿蘇市乙姫付近では国道57号を越えていて、その途中の斜面では溶岩トンネルも形成されています。流動性に富んだ溶岩が急斜面を流れ下ると、表面だけが冷え固まって、内部は熱いまま流れ下って抜け出ますので空洞ができるのです。空洞は規模によって溶岩洞、溶岩トンネル、溶岩チューブなどと呼ばれています。米塚の北西方の斜面には地元の人が「風穴」と呼んでいる溶岩トンネルが断続的に数か所で見られ、最大の「こうもり穴」と呼ばれているものは約九〇㍍あり、コキクガシラコウモリの重要な繁殖場となっています。

杵島岳の北東側に隣接してある往生岳は互いによく似た山容で、かつては逆に呼ばれていたことは先述のとおりです。往生岳は、春の「大火文字焼き」でも知られ、ドンベン山の愉快な呼び名もあります。山頂部に東西方向に並ぶ三つの火口跡があります。往生岳の山体もスコリアからなっていますが、生成は杵島岳より新しいとみられています。初期の噴火では基底部から流動性に富んだ溶岩を北側に広く流出していて先端は国道57号を越え、阿蘇市賀田では蒸し焼きになった直径約一メートルものケヤキの炭化木も見つかっています。その^{14}Cによる年代測定では今から一七二〇年前との値が出ています。『日本伝説集』には「肥後国阿蘇郡高森町の上にあった木は、朝日にはその影が俵山を隠し、夕日には祖母山を隠した」とあります。南郷谷側にも〝世界樹〟の観念のもとになるような巨木があったようで、火山活動の静穏期の阿蘇には手野の国造神社境内のスギのような巨木が各地で育っていたのでしょう。

草千里ヶ浜火山の二重火口（右側が新火口）　南側（烏帽子岳）から望む

《烏帽子《えぼし》岳（一三三七メートル）と草千里ヶ浜（一一五七メートル）・御竈門山《おかまどやま》（一一五〇メートル）》

中岳の西方にある成層火山で、山頂が烏帽子のようにとがっていることからその岳名がありますが、古くには国見山、来迎山《らいこうやま》、五面山《ごめんざん》などとも呼ばれていました。火口は北側にあったようですが、北麓に隣接する草千里ヶ浜火山の噴出物で埋め尽くされたようです。

海から遠く離れた山中に〝浜（はま）〟とはちょっと意外な感じですが、阿蘇では広く平たい場所を古くからそう呼んでいるのです。火口跡の中央部に水溜まりができていると、まさに海浜といった感じです。余談になりますが、中世の阿蘇大宮司の住居「浜の館」（現・矢部高等学校一帯）もかなり広かったようです。草千里ヶ浜火山には大きな浅い二重の火口跡が認められます。外側の大きい火口の直径は約一〇〇〇メートルあり、北側の火口内壁下には阿蘇火山博物館や食堂・土産品店街、広い駐車場などが設けられていて観光スポットになっています。南側内壁にはおよそ三万年前に噴出した、一見、阿蘇溶結凝灰岩（阿蘇の灰石）に似た赤褐色の地に黒色の縞模様がある溶結火砕岩が露出しています。この岩石は阿蘇火山博物館の玄関西側の外壁面に張り付けられています。火口原の中央部には小高い弓形の丘があり、その東側が内側の小火口跡です。およそ三万年前の噴火では大量の軽石を広範囲に噴出しています。

烏帽子岳の南側には御竈門山があります。山頂部の東方に馬蹄形に開いた大火口跡は全体がまるで鬼の巨大なカマドを連想させてピッタリの山名です。直径は約八〇〇㍍、深さは一〇〇㍍近くあって、北の火口縁を南阿蘇登山道路のトンネルが抜けています。浸食が進んでいて、露呈している溶岩と凝灰角礫岩の互層は見事で成層火山であることが分かります。

《夜峰（九一三㍍）》

中央火口丘群の西南端に位置する三角形の山で、これは火口の南側部分の山体です。成層火山で、北東側に崩壊して浅広くなった火口跡「池の窪」があり、内には二つの小火口跡が認められます。夜峰は、神話の世界では阿蘇大明神、健磐龍命（一宮）が妃神、阿蘇比咩神の出産に際して人目を遮るための屏風代わりに一夜のうちに築かれた山とされています。その際、山が崩れないように東麓にとめ釘を打たれたそうです。後にその場所に村人が久木野宮を設けて祀ったそうで、旧村名の久木野はその久木野宮に由来しているとか。

夜峰の火口跡の北西方には地獄の大きな爆裂火口があり、地獄の噴気地帯や地獄・垂玉《たるたま》などの温泉群があります。地獄の爆裂火口では、およそ一万年前と、四五〇〇年前にかなり大規模の水蒸気爆発が起きていて、変質した岩塊を約一㌔㍍も吹き飛ばしています。

水蒸気爆発とはマグマが上昇するときに地下水脈などに近づくとマグマの熱で水が沸騰して地表付近の土砂や岩石などを水蒸気とともに爆発的に吹き飛ばす現象で、ときには直径数百㍍もの凹地が生じることがあります。また、マグマが地下水脈などに直接触れると爆発はもっと激しくなり、マグマ自体もバラバラに砕け散ります。このようにマグマが水と直接触れて起こる爆発を、頭に「マグマ」を冠して、マグマ水蒸気爆発と呼んで区別しています。マグマ水蒸気爆発はマグマと水の割合が七対三くらいのときに最も激しくなるといわれています。水蒸気爆発か、それともマグマ水蒸気爆発かは火山灰を調べると分かります。水蒸気爆発での火山灰は古い岩石に由来していますので表面が風化して水を含んでいます（水和）が、マグマ水蒸気爆発での火山灰はマグマ由来で新鮮なために表面に光沢があって角が鋭いガラス質のものが含まれているといった違いがあります。

《泥《どろ》火山《かざん》》

平成十八年十月十一日、湯の谷温泉近くの阿蘇郡南阿蘇村長野吉岡地区の杉林（海抜七五〇～八〇〇メートル）内で泥火山の新たな生成が確認されました。湯の谷では文化十三年（一八一六）に〝湯の谷大変〟と呼ばれる水蒸気爆発があって湯小屋十二軒に被害があり、その後も明治十四年（一八八一）に小規模の水蒸気爆発があって熱湯を三メートル以上吹き上げ、泥火山も生成されています。また、昭和三十四年（一九五九）頃までは間歇泉などもあったことから緊張がはしりました。

泥火山は、地下からの高温の水蒸気の噴出によって吹き飛ばされた地表近くの泥土が堆積して生成するものです。水蒸気の発生にはマグマの熱が関与しているようで、火山地帯で多く見られます。

泥火山の噴煙（2007 年 8 月 27 日）

今回、泥火山が生成された場所は、現在なお噴煙を上げ続けている中岳の火口西方約五キロメートル地点で、そのマグマ溜まりがあるとみられている草千里ヶ浜からだと約二キロメートルしかありません。湯の谷温泉一帯の地下には熱水溜まりがあるようで以前から各所で水蒸気が噴出していて、今回泥火山が生成された場所から約一〇〇メートル離れた地点でもかなり大量の水蒸気が噴出していたという。京都大学火山研究センターと阿蘇火山測候所は、既に八月中旬に杉林内で新たに水蒸気の噴出が始まったのを確認していたそうで、梅雨の大雨による表土の流失のためとみていたそうです。その後、九月の台風13号による大雨でさらに表土が流失して水蒸気の噴出が活発になり、十月十一日にはついに噴出した湿った泥土の堆積による泥火山の生成が確認されたというわけです。

翌十二日には泥土を十秒間隔で吹き飛ばすのが観察され、十六日には堆積していた山体のおよそ半分が吹き飛んで、直径約七メートルほどの凹地ができていて、噴出物は赤みを帯びて西側斜面では約三〇〇メートル下の地点まで飛散していたという。阿蘇山測候所の二十三日の調査では、噴気の温度は九二・八度、地下二〇センチメートルでの地中温度は九〇度で、噴気孔から半径二〇メートル範囲の木々は根こそぎ倒れて枯死していたというが、噴気から二酸化イオウ（SO_2）は検出されず、マグマの直接関与はない泥火山であることが再確認されて一安心でした。

中岳噴火

噴火史

中岳噴火の記録は、古くからよく残されています。『阿蘇山噴火史要』の「欽明天皇十四年（五五三）春、山上火起きて天に接す。祀宮笠忠久をして特に之を祭らしむ」は、日本最古の噴火記録で、『阿蘇家伝』（近世）にも「旧記（原型は中世?）に云、阿蘇山に煙立つこと、欽明天皇貴楽二年癸酉歳（五五三年）始めて、大明神山上に火炎を出し給う」とあります。これは世界的にも紀元前六九三年のイタリアのエトナ火山噴火に次ぐ古い記録となっています。

日本の活火山噴火の記録は『日本活火山総覧（第二版）』（気象庁、一九九一年）に整理されていて、中岳は五五三年の噴火以来、数年ないし数十年ごとに一四〇回以上噴火していることが分かります。少し意外なのは溶岩を流出した噴火の記録が見られないことで、火山灰（ヨナ）やスコリアを大量に噴出する灰噴火や爆発的なマグマ水蒸気爆発か水蒸気爆発とみられるものばかりです。

　中岳噴火の紹介では、よく赤熱したスコリアや火山弾を噴水のように吹き飛ばしているストロンボリ式噴火のカラー写真を目にしますが、実際にはそのような激しい噴火はそう多くはありません。ストロンボリ式噴火とはイタリアのリパリ諸島にあるストロンボリ火山（九〇〇メートル）の噴火様式で、先述のように赤熱したスコリアや火山弾を噴水のように吹き飛ばす噴火を一定間隔で断続する規則性が特徴で、ギリシャの詩人ホメロスの時代から二〇〇〇年以上も続いているという。

　中岳の噴火は、たいていは火山灰を大量に噴出する灰噴火で、少なくとも一万五〇〇〇年前からは灰噴火が主流になっていて、六三〇〇年前からはおよそ五〇〇年ごとに大規模な灰噴火をしてきたことが分かっています。阿蘇では火山灰を〝ヨナ〟と呼び、「ヨナが降る」などと言っています。噴火がいったん始まると噴煙をモクモクと立ち上がらせ、一定期間ダラダラとヨナが降り続くことになります。このような灰噴火をほぼ十年周期で断続的にしているのです。

　火山灰は、マグマやマグマに取り込まれて赤熱した岩石などが破砕されてでき、ガラス片や造岩鉱物の結晶などからなっています。中岳のマグマは、二酸化ケイ素（SiO_2）の含有率が五四パーセント程度の安山岩質でほぼ一定しています。マグマ由来の新鮮な火山灰は灰褐色をしていますが、初期の噴火では火道壁や火口底の岩石に由来したものが混じって白っぽくなる傾向があります。

噴火の過程

中岳のマグマ溜まりは、火口の西方にある草千里ヶ浜付近の地下およそ八〜一〇キロメートルにあって、半径およそ三

《キロメートル》くらいの球形をしているとみられています。そこから火口まで火道が延びているわけですが、火道はいつも開いていて高温の火山ガスが供給され続け、そのガス圧の変化によって約十秒周期の低周波の火山性地震が常時発生しています。地震といっても非常にゆっくりしたごく微弱な揺れですので人体には感じず、高感度の地震計でしか感知できない程度の微弱なものです。

しかし、マグマがいったん上昇し始めると、岩盤が破壊されて高周波の地震が発生します。また、磁場が弱まったり、噴気中の^3Heの量が増加するなどの変化が現れ、そのうち火口底にも変化が見られるようになります。昭和七年（一九三二）以降の噴火は、七つある小火口のうちの第一火口でほとんど起きており、まず火口底の緑色をした湯溜まりがマグマの熱で蒸発して小さくなり始めます。そのうち熱湯と土砂を爆発的に噴出するようになり、湯溜まりが消失すると火口底の噴気孔が高温になって赤熱して見えるようになります。この段階までくると噴火はもう時間の問題で、火口底に火孔が開いて火山ガスが燃えて赤くなる火炎現象が見られ、続いて灰褐色の火山灰を継続的または短い間隔で噴出するようになります。その後は、そのまま灰噴火の程度で終息することもあれば、さらに赤熱したスコリアや火山弾を噴水のように吹き飛ばすストロンボリ式噴火に発展することもあります。

また、火口底に大量の土砂が堆積したりして閉塞状態にあったりすると、エネルギーが蓄積されて、水蒸気爆発やマグマ水蒸気爆発が起きたりして、低温火砕流（火砕サージ）が発生したりすることもあります。このように火炎現象後の推移は、その時の火口底の状態によっても異なり、現段階では正確に予測するのは困難と言われています。

灰噴火

大阿蘇のよな降る谷に親の親もその子の孫も住みつぐらしき　　佐佐木信綱

東方になびく中岳の噴煙（1989 年 11 月 3 日、九州中央山地から望む）

噴火によって空高くに上がった大量の細かい火山灰は、大気中に長期間漂って太陽光を遮り、植物の光合成を低下させます。また、ときには先述のように気温が低下することだってあります。細かい火山灰はいろんなものにくっつきやすく、植物の葉や茎にくっついて粘土鉱物がセメントのように固まると光合成が妨げられて発育が阻害され、ひどいときは枯死したりします。

また、火山灰には水に溶けてフッ酸や塩酸、あるいは硫酸になるような物質も多量に含まれていますので、これらの物質によって植物が枯死することもあります。火山灰で枯死したスギの導管が黒くなっていたという報告もあります。このように大量の降灰は農作物や牧草、樹木などに大きな被害を与えます。

日本は偏西風帯にありますので火山灰の降灰は火口の東側で多くなります。昭和十四年（一九三九）八月十一日の灰噴火では南郷谷での降灰が多く、トウモロコシやイネ、タバコなどに被害が発生しました。また、昭和五十四年（一九七九）六月から十一月にかけてのおよそ半年間の灰噴火では九一七万トンもの降灰があって、キャベツ・ハクサイ・ダイコン・トマト・ピーマンなどの野菜が全滅したほか、トウモロコシ・クワ・イネ・タバコなども被害を受け、被害総額は七億円余りに上ったという。

降灰の被害は植物だけでなく動物にも及びます。火山灰には亜鉛やカドミウム・水銀などの重金属も相当量含まれていますので、火山灰が付着した草を牛馬が食べると下痢したりしますし、妊娠していると流産することもあるという。

また、火山灰が特に細かったり、粘土鉱物を多量に含んでいたりすると、河川の水が白濁して魚の鰓に付着して酸欠を起こし大量死することもあります。永禄五年（一五六二）や昭和八年（一九三三）、それに平成元年の噴火での火山灰が降雨で白川に流れ込んで、その名のように河川の水が白濁して大量のコイやフナなどの魚が死にました。古くにも『筑紫風土記（逸文）』（七一三年頃）に中岳火口の湖水が時に溢れて白川に流れ込んで魚が死ぬと記されています。

このほかにも阿蘇の住民に斑状歯《はんじょうし》が多いのは火山灰のフッ素がカルデラ内の地下水に多く溶け込んでいるせいだろうといわれています。

火山灰は土木関係にも被害をもたらせます。火山灰は軟らかくて水を吸水しやすいので、大雨が降ったりすると大量の水を含んで地滑りを起こしやすくなります。昭和二十八年（一九五三）六月二十六日の白川大水害のときや、平成十三年六月末の豪雨の際も各地で火山灰層の斜面崩壊が起きました。火山灰は河川水に運ばれて下流の川底に堆積します。その結果、天井川となって洪水が起きやすくなるのです。河川の土砂運搬力は流速の六乗に比例するので、六・二六白川大水害で熊本市に流入した火山灰は六〇〇〇トンを超えたとみられています。

降灰は、このほかにも日常生活では洗濯物を屋外に干せないとか、停電の原因になったりして支障をきたします。平成二年の噴火では湿った降灰によってショートし、阿蘇市一の宮町宮地を中心に約三七〇〇戸が停電しました。

爆発での死傷事故

中岳噴火の特徴は灰噴火が多いことですが、ときには巨大な火山弾や噴石を吹き飛ばす激しい噴火をして死傷事故が発生することもあります。それで火口見物の際は特に要注意です。

丸昭八　昭和８年（1933）の大噴火で噴出された巨大な火山弾

火口底に大量の土砂が堆積して閉塞状態にあるときに大量のマグマが急激に上昇したりすると湯溜まりが急激に沸騰して水蒸気爆発やマグマ水蒸気爆発が起き、低温火砕流（火砕サージ）なども発生して大変危険です。

昭和七年（一九三二）十二月十八日の噴火では噴石によって火口周辺で十三人が負傷しました。翌、昭和八年（一九三三）二月二十七日の火口の有史以来最大といわれる噴火は第二火口で起き、噴出された「丸昭八」と名付けられた巨大な火山弾は、直径約四メートル、高さ一メートルもあって、火口の南西約一五〇メートルの火口縁に落下しました。また、西方四五〇メートルの斜面に落下した「平昭八」と呼ばれる火山弾は長径七・二メートル、短径五・六メートル、高さ〇・八メートルほどの大きさがありました。

昭和二十二年（一九四七）五月二十六日の噴火では噴石の落下で南郷谷で放牧中の牛馬二〇〇頭が斃死しています。

昭和二十八年（一九五三）四月二十七日の第一火口での大爆発では、こぶし大から人身大もある赤熱した火山弾が火口の西から南西側約八〇〇メートルの範囲に落下して、火口見物客約五〇〇人中六人が死亡、重軽傷者は九〇余人にのぼる大惨事となりました。死傷者には修学旅行中の高校生二十三人が含まれていました。

昭和三十三年（一九五八）六月二十四日の大爆発では低温火砕流（火砕サージ）が発生し、山上施設が壊滅してケーブル修理中の作業員と山上駅職員ら十二人が死亡、重軽傷者二十八人を出す大惨事となりました。また、昭和五十四年（一九七九）九月六日の第一火口での爆発でも低温火砕流（火砕サージ）が発生して、ロープウェイの火口東駅舎の方に向かい、火口見物客三人が死亡、重軽傷者十一人を出す惨事となりました。この爆発でのエネルギー量は、一トン爆弾約四〇〇個分に相当すると試算されています。

このように噴火があると火山灰だけでなく火山弾や噴石も噴出し、低温火砕流（火砕サージ）なども発生して死傷者が出ることもありますので、火口から一キロメートル以内は特に危険で要注意です。火口見物は火山情報をよく聞いて安全に行いたいものです。

火山ガス

マグマの揮発成分をひっくるめて「火山ガス」と呼んでいます。そのほとんどは水蒸気ですが、少量の二酸化炭素（CO_2）や二酸化イオウ（SO_2）・硫化水素（H_2S）・塩化水素（HCl）・フッ化水素（HF）なども含まれています。ところがこれら少量の気体がときに重大事故を引き起こすことがあるので要注意です。

二酸化炭素（CO_2）は、近年地球温暖化の元凶として話題になっている気体で、大気中に通常〇・〇三パーセント含まれています。ラムネやサイダー、あるいはビール、発泡酒などでもおなじみの気体で、気体そのものには毒性はありませんが、空気中の二酸化炭素の濃度が増すとその分酸素の濃度が低下しますので、体で酸素を最も必要とする脳の機能が低下して危険です。空気中の二酸化炭素濃度が二パーセントになると要注意で、五パーセント以上になると頭痛がして吐き気を催し、ひどいときには神経に異常を来して意識不明になったりもします。一〇パーセント以上になると呼吸低下や反射機能喪失を来し、そういう状態が長時間続くと死亡することもあります。

二酸化炭素（CO_2）は火口からばかりでなく、火山のあちこちから噴出していて、地下水に溶けて炭酸泉となって湧出していることもあります。空気より重いので凹地に澱《よど》みやすく、しかも無色無臭ですので要注意です。平成八年に青森県の八甲田山麓《はっこうださんろく》で訓練中の陸上自衛隊員三人が凹地でつぎつぎに倒れて死亡する事故がありました。事故発生当時は無風状態で、深さ四メートルの凹地にはかなり高濃度の二酸化炭素がたまっていたのが原因でした。国外でも、昭和六十一年（一九八六）にアフリカ西海岸のカメルーンにあるニオス火山の火口湖から湖水に溶けていた大量の二酸化炭素が噴火によって一気に気化して山麓まで流れ下り、一七〇〇人以上が死亡し、家畜も多く死んでいます。

二酸化イオウ（SO_2）は、刺激臭がする有毒ガスで、水にすぐ溶けて亜硫酸になることから「亜硫酸ガス」とも呼ばれています。無色透明な気体ですが、濃度が増すと白色から青みを帯びます。植物を枯死させ、喘息《ぜんそく》発作の原因にもなります。近年、火口周辺での火山ガス吸引による死亡事故が目立っており、阿蘇火山防災会議協議会では観測データをもとに随時注意を喚起しています。

硫化水素（H_2S）は、腐卵臭がする無色透明の可燃性の有毒ガスで、燃えると先の二酸化イオウ（SO_2）になります。平成二十年にはガス自殺に何件も使用されて話題になっていますが、平成九年には福島県の安達太良《あだたら》山の沼《ぬま》ノ平《だいら》火口跡で硫化水素によって登山者四人が死亡しています。火口跡は深くて無風状態だったので高濃度の硫化水素（H_2S）が澱んでいたのです。

すずめ地獄　阿蘇郡南小国町の黒川温泉郷で

塩化水素（HCl）は、刺激臭のある無色透明の有毒ガスで、水によく解けて塩酸になり、強酸性で植物を枯死させます。フッ化水素（HF）も刺激臭のある無色透明の有毒ガスで、水溶液はガラスをも腐食させますので要注意です。

昭和五十四年（一九七九）九月六日の中岳の爆発では、火山ガスによって火口南西側の杉林が壊滅しています。

ガス道と硫気孔

火山ガスには空気より重い気体が含まれていますので、地形や風向きによってよく集まって流れる〝ガス道〟なるものが認められています。中岳火口からは西方と北東方向への大きく二つのコースが認められています。つまり、ロープウェイ火口西駅から古坊中跡を経て草千里ヶ浜方面へ向かうコースと、火口東駅から仙酔峡へ下るコースです。これらのコースに当たっている場所には火山ガスに強いミヤマキリシマの大群落が形成されていて、花期には観光客の目を楽しませています。また、火山ガスの噴出量が多いときにはガス道周辺ではススキの赤変現象なども見られます。

火山ガスの噴出は火口からばかりとは限りません。火山地帯には硫化水素（H_2S）や二酸化イオウ（SO_2）などの硫化ガスを噴出する硫気孔なるものがよくあります。これらは先述のように有毒ガスで空気より重いので硫気孔が凹地にあると澱んで大変危険です。生物にとっては火口と並び過酷な場所で、植物は特殊化したものしか生育できません。動物は入り込んだらおしまいで、しかも死体は腐らずにいつまでも残ることになります。硫気孔がある凹地に〝地獄〟の地名が多いのはそのためで、阿蘇にも南阿蘇村長陽の地獄温泉や湯の谷温泉の雀地獄、南小国町の黒川温泉の雀地獄などがあります。また、『新編肥後国志草稿』（成瀬久敬、一七二八年）には、小国町の腐湯は殺生石のようなもので、イノシシやシカ・テン・オオカミなどはそばを通るだけで死ぬが、人や牛馬はどうもない、とも記されています。

火山の恩恵

火山灰土

火山灰の降灰は、植物や動物にダメージを与えますが、それは一時的なことであって、長い目で見ればミネラル分を土壌に供給して肥沃にしてくれます。そのことは、古富士山の噴火による火山灰を主とした関東ローム層をはじめ、日本の主要な畑作地が火山灰土に成立していることからも分かります。また、無菌の火山灰土は園芸用土としても重宝されていて、栃木県鹿沼市の関東ローム層から産出される「鹿沼土」などは古くからよく知られています。

阿蘇ではトウモロコシや牧草のほか、降灰が多い東部では寒冷地に適した阿蘇タカナ・アブラナ・チャ・タバコのほか高森町色見地区では田楽用のツルノコイモ（里芋の品種）なども栽培されています。また、近年はリンゴなどの栽培も盛んになっています。トウモロコシはかつて食糧事情がよくなかった時代には〝阿蘇の金飯〟などと呼ばれて農家の主食替りにされていたこともあり、軒下に幾重にも鈴なりに吊り下げられたトウモロコシは阿蘇の冬の風物詩になっていたものです。今日では牛馬の飼料として、また一部は観光焼きトウモロコシとして阿蘇の新たな風物詩になっています。火山灰土は植林にはヒノキよりスギが適しているようで、北外輪山北斜面の「小国杉」は全国的に知られています。

火山灰は粒子が小さいので、体積当たりの表面積が広くて風化しやすく、鉄分が酸化してすぐ赤っぽくなり「赤ボク」と呼ばれます。硅酸や塩基が失われてアルミナに富み、さらに酸性になるとアルミナも溶けてアロフェンと呼ばれる粘土になり、リン酸の固定力が増します。

植物が生えて腐植が混じると炭素によって黒っぽくなり「黒ボク」と呼ばれます。黒ボクの生成には植物が関与していることは、イネ科植物の細胞内に蓄積される約五〇㍈ほどの半永久的に安定した植物硅酸体（プラント・オパール）の微化石が含まれていることからも分かります。

従って、黒ボク層が厚いのは植物の生育期間が長い証拠で、降灰がないか、あっても植物の生育に支障ない程度で、火山活動の静穏期が長かったことを物語っています。一方、赤ボク層が厚いのは植物が生育できないほどの大量の降灰が長期間続いた証拠で、噴火活動が活発だったことを物語っています。赤ボク層や黒ボク層の枚数やそれぞれの層の厚さから中岳の大規模な灰噴火は一万五〇〇〇年くらい前から始まり、過去六三〇〇年間ではおよそ五〇〇〇年ごとに起きてきたことが分かります。

灰石

火山灰は、堆積したとき七〇〇度以上だと自らの熱で溶解し、固結して固い溶結凝灰岩になります。熊本では阿蘇の溶結凝灰岩を、通常〝灰石〟と呼んでいます。中程度に凝結したものは硬さが適当で細工しやすいことからいろんな石材として古くから重宝されています。

四世紀後半から六世紀前半にかけての古墳時代には石棺の石材とされ、阿蘇の灰石製の舟形石棺は、熊本県内はもとより、遠く大阪あたりまで運ばれていて、大阪府藤井寺市の唐櫃《からと》山古墳や長持《ながもち》山古墳、高槻市の継体天皇陵とみられる今城古墳、それに推古天皇陵とみられる古墳などからも知られています。このうち今城古墳（六世紀前半）の石棺は宇土市網津町馬門《まかど》産のピンク色をした特徴的な灰石（通称、馬門石）製であることが確認されています。

灰石は、先述のように熊本県内では球磨川を除く主要河川沿いに分布していて、大阪をはじめとする遠隔地には菊池川や氷川《ひかわ》の流域、あるいは宇土半島から古代木造船によって海路で運ばれたとみられています。平成十七年には、そのようなことがはたして可能かどうかを実際に試す航海実験が行われました。石棺を載せた筏を復元した手漕ぎの古代木造船で宇土から大阪まで牽引するというもので、十分可能であることが実証されました。

阿蘇の灰石は、石棺のほかにも石人像や鳥居・石塔・石橋・石垣・石塀・石段・石畳・土台石・石灯籠・石臼・石風呂・井戸…などの石材となっています。このように優れた石材に恵まれた熊本県内では石工文化も発展しています。

また、強溶結した溶結凝灰岩中の黒曜石の斑晶は、後期旧石器時代には鏃《やじり》の材料として重宝されていたようです。

地下水

阿蘇外輪山の側火山である赤井火山の砥川溶岩が熊本市六七万人の重要な水瓶となっていることは先述しましたが、日本で人口一〇万人以上の都市で上水道を地下水だけで賄っているのは熊本市だけで、一日に二四～二五トンも使用されています。水質も良くて日本一おいしい水道水と評価されています。水は生命の根元であり、水なくしては生物は生きていけません。世界の四大文明といわれているものがいずれも水量豊かな大河のほとりに発祥したのは周知のとおりで、ギリシャ最初の哲学者タレスは「水は万物の源である」とまで言いきっています。

手野の湧水　阿蘇溶結凝灰岩（灰石）の柱状節理の割れ目から湧き出ています。（阿蘇市一の宮町手野）

阿蘇は、全国有数の多雨地域で、広く分布している多孔質の分厚い火砕流堆積物はそれらの大量の雨水を地下水として貯える水瓶の役目をしています。阿蘇は火を噴く山であると同時に水湧く山でもあるのです。九州のほぼ中央部に位置することから九州の水瓶と言っても過言ではないでしょう。

阿蘇山とその周辺地域では少なくとも一五〇〇か所以上で湧水が認められています。外輪山や中央火口丘群の山麓の各所で湧水がみられ、天然のろ過装置を通ってミネラル分を適当に含み、名水と呼ばれているものも少なくありません。

カルデラ内の阿蘇谷では北外輪山内壁の手野の名水や御茶屋泉水、乙川《おとがわ》湧水群、中央火口丘群北麓の役犬原《やくいんばる》や市の川、赤水などの湧水、それに阿蘇神社境内の「神の泉」や仲町通り門前町商店街一帯に十八か所ある「水《みず》基《き》」（水飲み場）などがあり、南郷谷にも中央火口丘群南麓の白川水源や竹崎水源、明神池水源、吉田城御献上汲《ごせんじょうくみ》場《ば》（以上、南阿蘇村）、それに高森湧水トンネル（高森町）などがあります。

また、外輪山の外側斜面でも、北外輪山西部の菊池水源（菊池市）や東部の池山水源や山吹水源（どちらも産山村）のほか、南外輪山西麓の阿蘇郡西原村にある揺ヶ池《ゆるぎがいけ》（お池さん）などがよく知られています。

これらの中で、池山水源（産山村）と白川水源（南阿蘇村）、菊池水源（菊池市）の三水源は、環境省が昭和六十年（一九八五）に選定した全国の「名水百選」にも選ばれています。環境省の名水百選には熊本県内からはこのほかに轟《とどろき》水源（宇土市）も選ばれています。ちなみに県で四か所というのは富山県と並んで全国最多で、やはり阿蘇山あってのことです。轟水源も、日本最古といわれる轟泉《ごうせん》水道の石製樋管は江戸時代に近くの網津町馬門《まかど》産の阿蘇溶結凝灰岩（馬門石）で造られていて阿蘇の噴火とは無関係ではないのです。

これらの湧水はやがて河川となって流れますが、九州の一級河川のうち阿蘇カルデラ内を源流域にする白川のほかにも、外輪山外側斜面を源流域にするものには菊池川や緑川、それに筑後川や大野川、五ヶ瀬川などもあります。その水は流域に住むおよそ二三〇万人もの生活用水として利用され、生活を支えています。阿蘇はまさに〝九州の水瓶〟といえそうです。

温泉

湧水の温度が年平均気温以上ですと一般に温泉と呼んでいます。年平均気温は土地によって異なり、日本の温泉法では摂氏二五度以上を温泉としています。ちなみにイギリスやドイツ、フランス、イタリアなどヨーロッパ各国では二〇度以上、アメリカでは二一・一度以上とされていて、泉温の基準は国によって異なっています。

熊本の年平均気温は全国平均より幾分高めですが、地下水の温度は一七～一九度で全国平均より二～三度も高くなっています。理由はよく分かっていませんが〝火の国〟であることが何か関係しているのでしょうか。

地下二〇㍍以下では地温は地上の気温に関係なくどこでも通常一〇〇㍍深くなるごとに平均三度（二～五度）の割合で上昇します。それは地下深くなるほど圧力が増加することや岩石中の放射性元素の壊変による発熱などのためらしく、地下増温率と呼んでいます。従って二五度以上の温泉は、地下水があれば計算上は八五〇㍍も掘れば十分得ることができるはずです。そこが火山地域でマグマが地下の浅い所まで上昇してきていれば、さらに浅くても温泉湧出の確率は高く、しかもマグマの揮発成分が溶け込んだりして泉質も豊かになります。現在、阿蘇とその周辺部には三十以上の温泉が知られています。

活火山性の温泉は、マグマとの関係から大きく二つの型に分けられます。一つは火山体中腹以上の噴気帯から湧出する温泉で、噴気（火山ガス）を溶かして硫黄泉や硫酸酸性泉、あるいは噴気中の成分と岩石中に多い鉄分が化合して酸性緑礬《りょくばん》泉になったりします。中央火口丘群西部の噴気帯にある地獄（四二度）・垂玉《たるたま》（四九度）の硫黄泉や、湯の谷（七五度）の酸性緑礬泉、それに北外輪山の黒川・岳湯《たけのゆ》・峐湯《はげのゆ》などの硫黄泉がこの部類です。岳湯の噴気帯では昭和三十五年（一九六〇）に八幡製鉄が行ったテストボーリングによって二五〇㍍の深さから二〇〇度の自噴蒸気が得られました。それで熊本県は昭和四十年（一九六五）から地熱発電の開発に取り組みました。

もう一つは噴気帯から離れた低位置に湧出する温泉で、岩石の割れ目を流れ下るときにカルシウム分を溶かし込んだ石膏《こう》泉や塩化物を溶かし込んだ食塩泉などがあります。石膏泉は活火山性の温泉では最も多く、先の地獄・垂玉・湯の谷の西方低位置にある栃木温泉や戸下温泉などがそうで、食塩泉としては北外輪山の黒川温泉や杖立温泉などがあります。

なお、カルデラ底（火口原）にある阿蘇内牧温泉や一の宮の温泉は、その泉源が阿蘇火山基底下の花崗岩中にあって、マグマ由来の活火山性の温泉とは成因が異なっています。

このように阿蘇には温泉が多く、泉質も豊かです。温泉には薬剤効果もあり、湿度が高くて風呂好きの日本人にとっては自然のこの上ない恵みといえます。野生鳥獣も温泉の薬剤効果を感知しているのか、傷ついた鳥や獣が湯治《とうじ》しているのを見て温泉が発見されたという言い伝えは全国各地の温泉にあります。全国的にはシカによる発見というのが多いようですが、野生鳥獣が多い阿蘇では栃木温泉がイノシシの湯治がきっかけで発見されたと言い伝えられています。寛永年間（一六三〇年代）のある日、細川家の家臣の一人が猟に出ると、一頭のイノシシが白川につかってじっとしているのを目にしました。不思議に思って近づくと、イノシシは傷ついていて、なんと川底から温泉が湧き出ていたそうです。熊本日日新聞（平成五年一月五日付、朝刊）によると、平成五年一月四日に北向山麓の白川河川敷で体重約一二〇㌕の雄イノシシ一頭が地元下田の狩猟グループによって仕留められましたが、その特徴から先月末に栃木温泉の旅館改築作業中の建設作業員の一人を襲って重傷を負わせたものらしいとのことでした。栃木温泉の白川を挟んだすぐ対岸には国指定の天然記念物「阿蘇北向谷原始林」もあることから、一帯には昔からイノシシなども多いようです。

火山噴火は、ときに地域の生物に壊滅的なダメージを与えますが、終息後には火山特有の雄大な地形が残ります。日本の活火山の七割余が国立・国定公園になっていて、その大部分は現在も噴火を続けています。火山の雄大な風景を目にしながら、地元に伝わる故事などに思いをはせてゆっくり温泉につかれば心身ともにリフレッシュでき、火山の恩恵を改めて再認識させられることでしょう。

沼鉄鉱《しょうてつこう》

沼沢で生成される多孔質の褐鉄鉱（リモナイト）の一種で、主成分は水酸化鉄です。水中の鉄分が化学的あるいはバクテリアのはたらきなどで酸化されて沈殿してできるとされています。日本では第四紀の火山活動と関連して生成されたものが多く、阿蘇ではカルデラ湖末期に生成されたとみられています。阿蘇谷西北部の阿蘇市萱原の黒川周辺の田畑の下に広く分布していて、地元では古くから「カナシキ」とか「ボーグオアー」「阿蘇黄土」などと呼んでいます。これより下流の左岸域には赤水の鉄気（かなけ）の多い湧水もあり、黒川下流域には鉄分

沼鉄鉱《しょうてつこう》　ヨシの茎の跡が見えます。（阿蘇市萱原産）

が多いようです。

阿蘇谷で見つかっている弥生時代後期の下山西遺跡の石棺には内部に酸化第二鉄を主成分とする赤色顔料のベンガラ（弁柄）を多量に敷きつめたものがありますが、これは沼鉄鉱を焼いて製造したとみられます。赤色には呪術的な力が秘められているとみられていたようで、ベンガラは祭祀用の土器などにも塗られています。また、阿蘇谷では牛が病気にならない呪いに角にベンガラを塗る風習があります。沼鉄鉱は、戦時中には鉄鉱石（鉄分約七〇㌫含有）として、北九州の八幡製鉄所に送られていました。戦後は塗料や焼き物の釉薬として利用され、近年は脱硫剤や田畑の土地改良剤、水質浄化用として、また家畜の飼料としても利用されています。ヨシの茎を多量に含んでいるので家畜の飼料にもなり、体内のアンモニアなどを吸着して排泄物の脱臭効果もあることから、特に養豚業で重宝されています。さらに養殖魚やペット用の飼料としての用途も広がっているそうです。日本リモナイト（阿蘇市）では、国内だけでなく、韓国や中国をはじめ台湾やマレーシアなどアジア諸国に主に家畜の飼料用として年間約一〇〇㌧を輸出しているそうで、今後は輸出先の国や輸出量の大幅拡大を目指す計画だとか。まさにカルデラ湖の貴重な遺産です。

第二章　気象

カルデラ内の雲海　1989 年 1 月 16 日　俵山展望所から

阿蘇は、一五九二メートルの中央火口丘の高岳を最高峰として、六〇〇～一二〇〇メートル級の外輪山に囲まれた山地で、やや冷涼で特に降水量が多い山地型気候区に属しています。中央火口丘の中岳中腹（一一四二・八メートル）にある阿蘇火山測候所と、阿蘇の西方、熊本市の京町台地（三七・七メートル）にある熊本地方気象台での観測資料を対比しながら阿蘇の気候の特徴をみてみます。

名ばかりの夏

阿蘇山測候所と熊本地方気象台との標高差は一一〇五・一メートルあります。気温は通常一〇〇メートル高くなるごとに〇・六度の割合で低下しますので計算上では、阿蘇の気温は熊本より約六・六度低いことになります。実際の年平均気温は、熊本の一六・五度に対し、阿蘇は九・六度で六・九度低く、計算値とほぼ等しくなっています。これは本州北部の岩手県盛岡市の年平均気温一〇・〇度にほぼ匹敵します。

月別の平均気温は八月の二〇・八度が最も高く、熊本の二七・七度より六・九度も低くて、これは北海道札幌の二二・〇度より低く、もっと北方の留萌あたりと同じです。また、月別の最高気温の平均も八月の二三・三度が最も高いが、熊本の三二・六度と比べると九・三度も低くなっています。

一方、月別の平均気温が最も低いのは一月のマイナス一・六度で、熊本の五・四度より七度も低くなっ

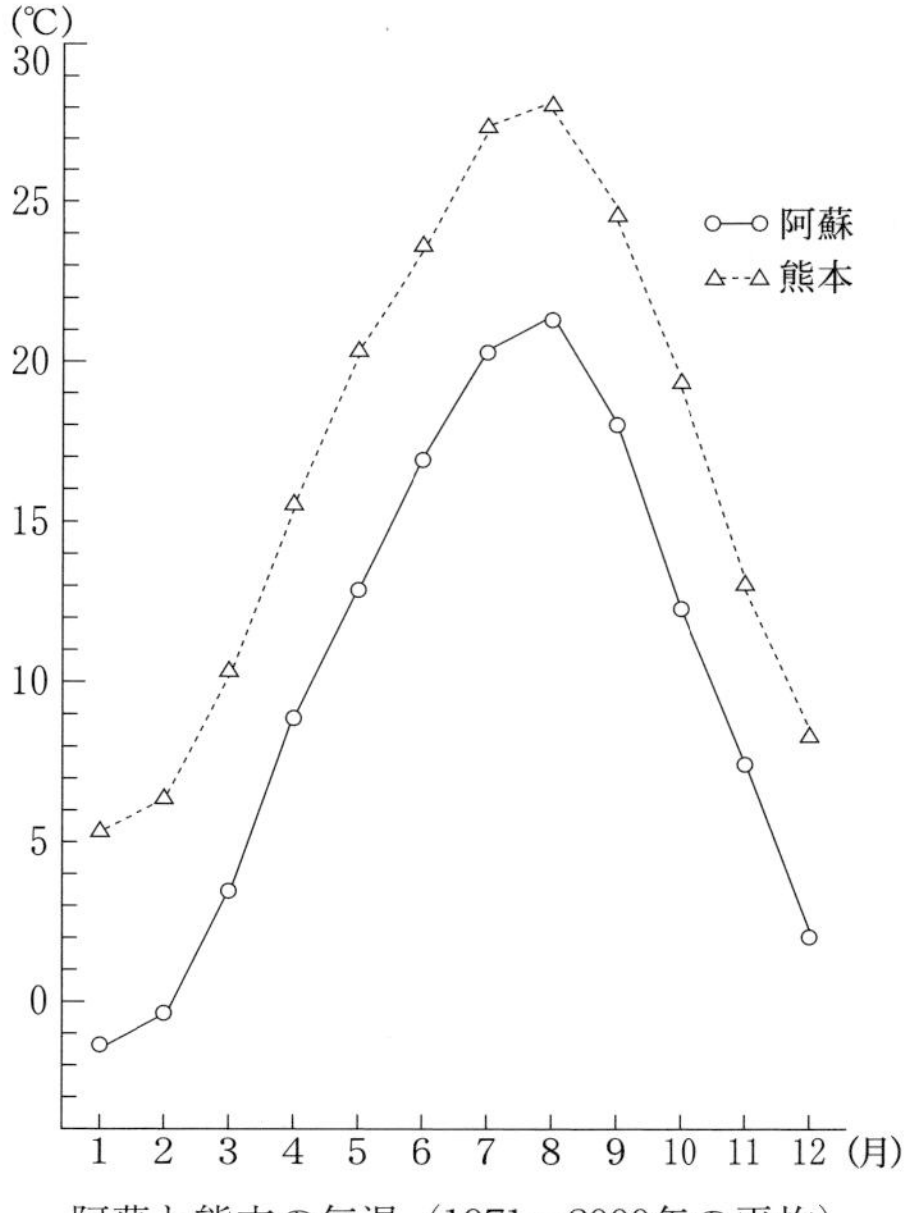

阿蘇と熊本の気温（1971～2000年の平均）

ています。また、月別の最低気温の平均も一月のマイナス四・六度が最も低く、熊本の〇・八度より五・四度低くなっています。気温が最も下がるのは大寒（一月二十日頃）過ぎから二月にかけてでマイナス一五・四度の最低記録があります。十一月上旬には初霜をみ、中旬には初雪も降ります。初霜の最も早い記録としては十月十一日、初雪では十月十七日というのがあります。

なお、霜も雪も通常四月上旬までみられ、終霜五月四日、終雪五月六日の記録があります。

日平均気温だけから季節をみますと、次表のように阿蘇の夏は名ばかりで、初夏からすぐ秋になり、逆に冬は寒くて長く厳しいのが特徴といえそうです。

季節の入り阿蘇（一一四二・八メートル）

季節	早春	春	晩春	初夏	秋	晩秋	初冬	冬
日平均気温	五℃になる日	一〇℃	一五℃	二〇℃	二〇℃以下	一五℃	一〇℃	五℃
時期	四月上旬	四月下旬	六月中旬	七月下旬	八月下旬	十月上旬	十月下旬	十一月下旬

冬日（最低気温が〇℃未満）の出現日数

地点	全年	一月
阿蘇	一〇〇・〇	二七・〇
熊本	三七・七	一四・四

夏日（最高気温が二五℃以上）の出現日数

地点	三月	四月	五月	六月	七月	八月	九月	十月	十一月	全年
阿蘇	〇・〇	〇・〇	〇・〇	〇・二	五・六	七・七	一・一	〇・〇	〇・〇	一四・六
熊本	〇・一	四・一	一七・一	二四・一	三〇・二	三一・〇	二七・〇	一四・一	一・一	一四八・七

熱雷と雲海

カルデラのような凹地では、鍋の方が鍋蓋より表面積が広いように、平地より太陽からの放射熱を受け取る面積が広くて昼間は気温が上がり、夜間には表面積が広いぶん地表から逃げる放射熱の量も多くなり気温が下がりやすくなります。また、阿蘇は九州のほぼ中央部にあって海からも離れているため内陸的要因も加わり、一日の最高気温と最低気温の較差が大きくなっています。

一方、凹地で降水が溜まりやすく、水蒸気も豊富なことから雲霧が発生しやすく、一年のうち曇天や霧の日が二〇〇日以上もあり、ことに六、七月の曇天や霧の日は二〇日以上と月の三分の二以上を占めています。快晴の日は、年間わずか三四日にもなりません。八月下旬には日平均気温が二〇度以下になり、夜間の放射冷却で明け方に冷え込むとカルデラ内に雲海（放射霧）が発生します。

話は前後しますが、夏の昼間に強い日射を受けると中央火口丘の禿山同然の山上では、局地的な上昇気流で積乱雲（入道雲）とともに熱雷が発生しやすくなります。阿蘇神社では、六月五日に「雷除祭《らいじょさい》」が行われています。祭場に桃の実が三個ついた枝を立てて落雷除けが祈願されるもので、『古事記』のイザナギノミコトが黄泉の国から逃げ帰られるときに三個の桃の実で八種の雷神を撃退されたという神話に由来しているとか。

十月上旬には日平均気温が一五度に下がって早くも晩秋の兆しがみられ、約一か月後には初霜をみます。初霜の年平均は十一月二日で、終霜の平均は四月七日となっています。霜は地形が大きく影響し、冷気が流れる霜道とか凹地で冷気が溜まりやすい霜穴と呼ばれるような場所があります。ことに早霜は農作物に予期せぬ大きな被害を与えることから阿蘇市役犬原《やくいんばる》の霜宮神社では霜害除けを祈願する「火焚き神事」が行われています。

〈霜宮神社の火焚き神事〉

早霜による農作物の被害防止策として、畑で枯れ草を燃やして煙をたなびかせたりするのは今日でも各地でよく見かけますが、阿蘇市役犬原に鎮座する阿蘇神社の摂社、霜宮神社では「火焚き神事」が行われています。霜宮神社の御神体は八月十九日から火焚き殿に移され、その年に選ばれた火焚き乙女が火打ち石でおこした火によって十月十六日までの約二か月間、昼夜を通して温め続けるというものです。この火焚き神事の由来については次のように言い伝えられています。

その昔、弓を射ることを好まれた阿蘇大明神、健磐龍命は、矢の拾い集め役に鬼八《きはち》を従えて、往生岳の山頂から阿蘇市尾ヶ石の的石《まといし》めがけて矢を射られていました。鬼八は、命が阿蘇入りされるときに日向高千穂から連れてこられた凶賊で、別名を「走建《はしりたける》」ともいい、空をも自在に翔けることができたそうです。往生岳から的石までは直線距離でも約四キロメートルあります。命が射られた矢を拾い集めて運び届け続けていた若く元気な快足怪力の鬼八も百回めにはさすがに疲れ、腹立たしくなって矢を足指の間にはさんで蹴返しました。命は無礼な行為とたいそうご立腹になり、天翔《あまか》け逃げ惑う鬼八を天翔ける白馬で追いかけて捕らえると、即座に首を切り落とされました。すると鬼八の首は、霜を降らせて農作物に害してやると恨み言を言いながら天に舞い上がっていったそうで、果《はた》せる哉《かな》その予言どおりになりました。

命は、霜害で困窮する人々を見て反省され、天に向かって鬼八の霊を下宮に祀る旨を告げられました。すると鬼八の首が役犬原に降りて来ましたので、そこに約束どおり霜宮神社を建立して祀られたそうです。なんでも鬼八の首は寒さで痛むと霜を降らせるので火焚きして温めるのだそうです。

火焚き神事が行われている霜宮神社（阿蘇市役犬原）

夏雨型多雨

年間の平均降水量の三二四九・八ミリは、熊本の一九九二・七ミリの一・六倍以上で、これは月に三五日雨が降るともいわれている屋久島の四三五八・七ミリには及ばないものの、八丈島の三一二六・九ミリを超えています。

降水量は、冬季には少なく、やはり梅雨期に多くて六、七月の月平均降水量は両月とも六〇〇ミリを超えています。ことに梅雨末期の六月下旬後半から七月上旬にかけては地形の関係で阿蘇には湿った南西の空気が流れ込みやすくて集中豪雨が起きやすい特徴があります。

昭和二十八年（一九五三）六月二十五日から二十六日にかけて、阿蘇では小国《おぐに》町での九八五ミリを最高に、平均五〇〇ミリ以上という熊本地方気象台開設以来といわれる降雨があって白川が氾濫して大洪水となりました。下流域の熊本市内では京町台や健軍などの高台を除くほぼ全域が水深二〜三メートルもの浸水を受け、家屋の全壊一〇〇五戸、流失八五〇戸、死者行方不明者五三七人にのぼる大水害が発生しました。さらに濁流水が引いた後の熊本市内は阿蘇から運ばれて来た大量の火山灰で埋め尽くされていました。

平成二年七月二日にも阿蘇では時間雨量六〇ミリ前後が数時間続くという大変な集中豪雨があり、大量の雨水を含んだ急斜面の火山灰層が山汐《やましお》（土石流）を起こし、阿蘇市ではスギやヒノキ約二万本を巻き込んで下流の住宅地を襲うというかつてない大水害が発生しました。阿蘇では梅雨期のほかに八、九月の台風シーズンにも大雨がよく降ります。

九州中央山地に遮断されて小規模ながら大陸性気候的な傾向がみられ、夏雨型多雨ながらも八月の最も暑い時季にちょっとした乾燥期が認められ、植物の生育

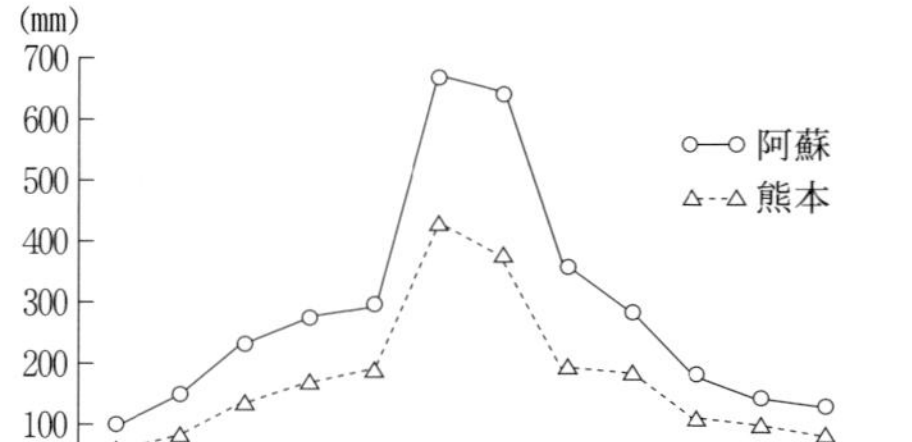

阿蘇と熊本の降水量（1971〜2000年の平均）

4月に積雪をみることもあります。
（2007年4月19日、往生岳北麓で）

が妨げられています。

降雪量の年平均は、熊本市ではわずか一一センチメートルですが、阿蘇では一六五センチメートルで、山岳の降雪を呈しています。初雪の年平均は十一月十九日ですが、最も早い例としては昭和十二年（一九三七）の十月十七日というのがあります。大陸からの冷たい空気が南下して北西の季節風が強まると九州の山地一帯には広く雪が降ります。一月中旬から二月上旬頃までにかけて多く降りますが、積雪は通常最深でもせいぜい一五～二〇センチメートル程度です。ただ、昭和三十八年（一九六三）の冬は小氷河期の再来かと話題になるほど全国的に大寒波の襲来を受け、熊本でも一月五日から同十六日まで連日雪が降り、一月九日の降雪では熊本市内でも一〇センチメートルの積雪があり、阿蘇では一二二センチメートルもの積雪となりました。

終雪の年平均は四月三日ですが、最も遅い例としては昭和二十年（一九四五）の五月六日というのがあります。

西風が卓越

山上は平地に比べて風が強いのは当然で、阿蘇中岳では最大瞬間風速が一〇メートル毎秒以上の日が年間一六七日、一五メートル毎秒以上の日が三八日もあります。

昭和二十九年（一九五四）の台風12号（キャシイ台風）は、九月十三日に鹿児島（錦江）湾に入り、その後、熊本県の中央部を北上しましたが、その時、阿蘇中岳で南西の風二七・五メートル毎秒、最大瞬間風速三六・三メートル毎秒の熊本県内での最大瞬間風速を記録しています。

火山での風は、火山灰を運んで農作物に一時的に大きい被害を与えることがあります。偏西風帯にあることから年間を通して西寄りの風が多く吹き、冬は北西風、春は西風、夏は南西風が多く吹き、中岳の灰噴火のときは阿蘇の東部から南部にかけての地域では農作物への害が深刻です。

〈風鎮祭・風祭り〉

山地での風は、気温とも相まって農作物に思わぬ大きな被害を与えることがあります。さらに阿蘇では中岳が火山灰（ヨナ）をよく降らせますので風下に当たる地域ではその影響は深刻です。そこで風の害から農作物を守り五穀豊穣を祈願して風鎮祭や風祭りが行われています。

風鎮祭は、南郷谷東部の阿蘇郡高森町高森の高森阿蘇神社で八月十七日、十八日の両日に行われます。各町内ごとに工夫を凝らせた造り物を引き回す山引きが有名で、別名「山引き」とも呼ばれ、肥後の三大馬鹿騒ぎの一つに数えられています。

風祭りは、阿蘇谷東部の阿蘇市一の宮町宮地の風宮社で、田植え前の旧暦四月四日と、秋の実り前の旧暦七月四日に行われます。二人の神主が二手に分かれて御幣で田の悪い風を北外輪内側山麓の手野風宮社の風穴に封じ込めるというものです。

まつぼり風

カルデラという特殊な地形による局地的な強い風も吹いています。カルデラ西側の外輪山の切れ目、立野火口瀬では〝まつぼり風〟と呼ばれている強い局地風が吹きます。

中央火口丘群の山上は、植生が乏しく禿山同然ですので夜間の放射によって地肌がよく冷えます。その冷えた地肌に冷やされて比重を増した冷気が低所を目指す雨水のようにカルデラ底に溜まり、立野火口瀬から一気に一〇メートル毎秒以上もの速さで吹き出すのです。風の中心部では二〇メートル毎秒以上になることもけっして珍しくありません。午後九時頃から吹き始めて夜明け頃まで続きます。年間平均六〇日以上吹き、ことに春（三～五月）と秋（十月～十一月）によく吹き、火口瀬を吹き抜けた冷気は南北約三〇キロメートルの範囲に広がっています。

Ⅱ 生物

第三章　植物の世界

ヒゴタイ（キク科）　2004年８月20日　産山村のヒゴタイ公園で

森の国

たくましい生命力

平成三年の長崎県雲仙・普賢岳噴火での火砕流堆積物の表面は、予想外の速さで緑の衣に覆われました。植物の生命力は実にたくましく、この地球上には植物にとって無駄な場所などほとんどないようです。灼熱のマグマの噴出によって新生した無機質の裸地にも噴火活動の静穏期を迎えると周辺部から植物が予想外の速さで侵入してくるようです。火山やその周囲では噴火のたびにこのような破壊と再生のドラマが何度も繰り返されてきたことでしょう。

ある地域での植物生育の状態を植生と呼んでいます。植生は主に気温と降水量によって決まり、日本のように中緯度に位置して降水量が豊かですと、河川敷や海岸、森林限界以上の高山帯などを除けば、どこでも森林が成立する条件下にあるとみられます。実際、日本の国土は六七㌫（約二五〇〇万㌶）が森林に覆われていて、まさに〝森の国〟の様相を呈しています。ちなみに熊本県の森林面積は、県土面積の六三㌫（約四六万㌶）で、そのうち天然林は三二㌫を占めています。

ただ緑の衣といっても、森林に覆われるまでにはいくつかの段階を経る必要があってかなりの年月がかかります。火山の植生については桜島や三原山（伊豆大島）での調査・研究がよくなされていて、新生した溶岩の裸地が完全に極相林で覆われるまでには一〇〇〇年はかかるだろうと推定されています。温暖多雨の環境下でも容易ではないようです。

阿蘇山は、巨大火砕流噴火によってカルデラが形成されてからおよそ九万年、外輪山で人の営みが始まってからおよそ二万四〇〇〇年、中央火口丘で最も新しいとみられる米塚が誕生してからでもおよそ二〇〇〇年たっていて、人為も受けて変化に富んだ植物の世界が形成されています。シダ植物と顕花植物だけでも一五〇〇種以上の生育が確認されています。

〈植物群落の乾性遷移〉

植物は、自然の生育状態では一個体でポツンとしているようなことはほとんどなく、通常は同種のものが複数個体集まって生育しています。この植物の集団を群落と呼んでいます。ある場所に生育する植物群落の状態（植生）は、同じ気候、土壌等の環境条件下にあっても固定的ではなく、年月を経るにつれてある決まった方向へ少しずつ移り変わっていきます。この移り変わる現象を遷移と呼んでいますが、遷移は際限なく続くのでなくて、植生が幾度か変化するとほとんど変化しない安定した状態になります。そのときの植生を「極相」（クライマックス）と呼んでいます。それに対して遷移の途次にある植生は「途中相」と呼んで区別しています。

遷移の進行過程や極相に達したときの植物群落の状態は、その場所の気候（特に気温と降水量）や土地条件などのさまざまな環境要因によって異なりますが、阿蘇山も含めて日本の暖温帯から冷温帯に属する地域での火砕流堆積物のような裸地から始まる乾性遷移の一般的な進行過程は、だいたい次のようになっています。

(1)まず、乾燥に強い地衣類やハイイロキゴケなど一部の蘚苔類が侵入します。

(2)これらの植物のはたらきで土壌が生成されると一年生草本も生育できるようになり、そのうちススキなどの多年生草本が侵入して一面を覆うようになります。

(3)強い日光の下で生長が速いヤマハギやアカマツなどの陽樹が侵入して疎らな低木林が形成されます。

(4)低木林が発達して密生するようになると、陽生植物のうち丈の低いススキやヤマハギなどは生育できなくなり、アカマツのような陽樹の高木林になります。
(5)陽樹の高木林の発達によって日光量が少なくなった林床では陽樹の幼木は育ちにくくなり、代わって少ない日光量でも育つシイやカシなどの陰樹だけが育つようになります。
(6)シイやカシなどの生長が速い陰樹は、そのうち陽樹を圧倒して陰樹林に代わります。陰樹林の林床では陰樹の幼木しか育ちませんので陰樹林は変わりようがなく安定した極相（クライマックス）として長く続くことになります。

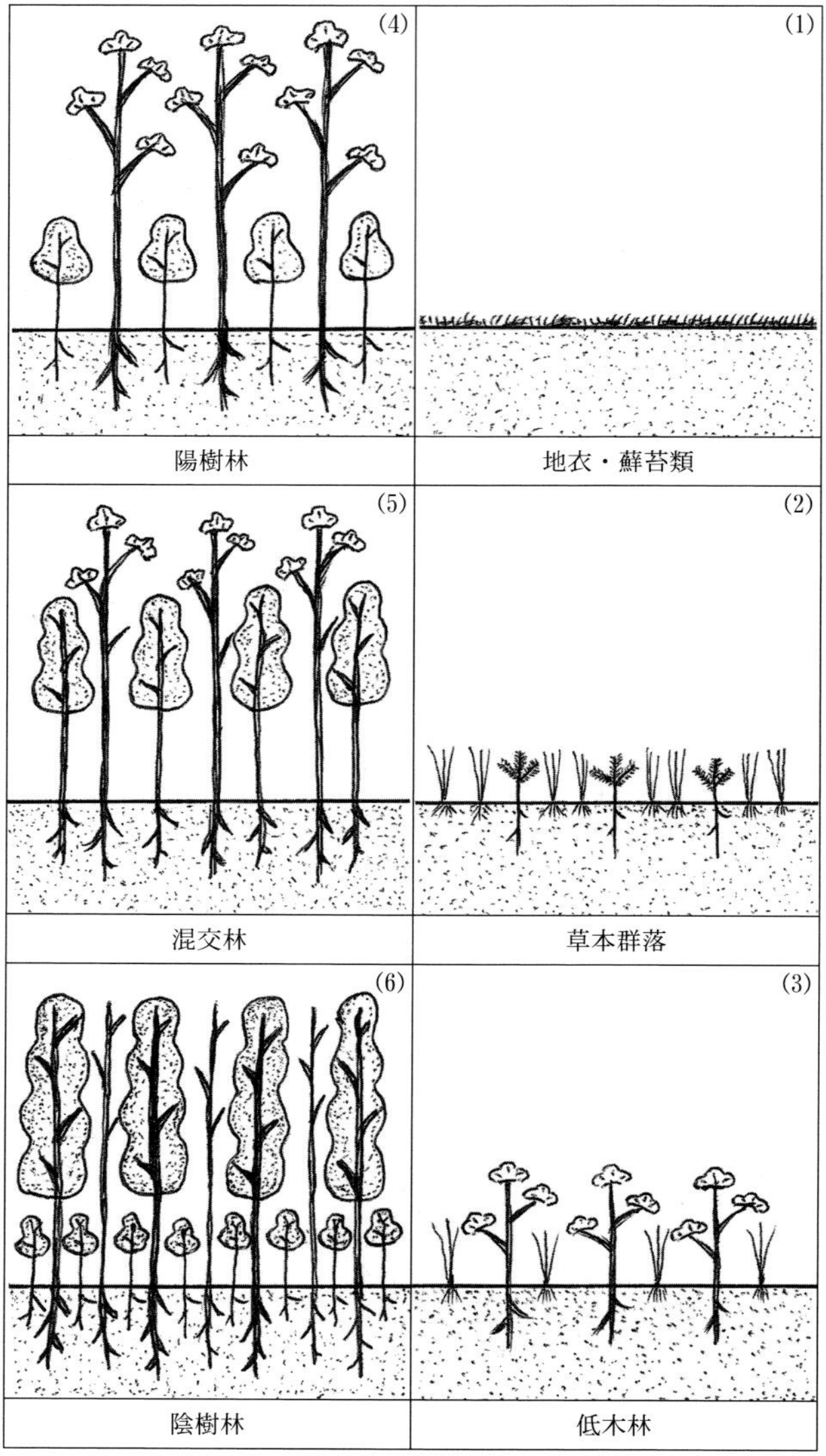

暖温帯の乾性遷移

大陸系遺存種を温存

阿蘇山が誕生し始めたおよそ二七万年前は氷河期（リス氷期）で、カルデラが形成されたおよそ九万年前も最終（ウルム）氷期が始まる頃で、いずれも今日より低温でした。今からおよそ二〇〇万年前から始まった第四紀は、地球の長い歴史の中で、火山活動が活発で、気候の変動が大きい時代です。特におよそ五〇万年前からは寒暖の差が激しくなり、ほぼ一〇万年周期で氷期と間氷期を交互に繰り返してきました。四回繰り返された氷期のなかでも三回めのリス氷期の十数万年前と四回めの最終（ウルム）氷期前半の七万年前頃と後半の一万八〇〇〇年前頃が気温が最も低くて年平均気温は今日より五～八度も低かったとみられています。

現在、九州には亜高山性の針葉樹林は存在していませんが、気温は通常一〇〇㍍高くなるごとに〇・六度の割合で低下しますので計算上からは当時の山地の森林限界は現在より千数百㍍低かったことになり、九州中央山地の山頂部は森林限界をも超えていたとみられます。

また、最寒冷期には氷河の面積は現在の三倍以上に拡大していて、海面は現在より一四〇㍍くらい低下して大陸棚の大部分が陸化し、日本列島はユーラシア大陸と陸続きになっていたようです。瀬戸内海や有明海・八代海（不知火海）はもとより、黄海や東シナ海も大部分が干上がって日本海は湖と化していたようです。そのような時期に火山活動によって新生した無機的な裸地、つまり生態上の空白地にユーラシア大陸の主に北方から草本類が侵入して根付いたようです。日本列島は植物地理学上では日華区系に属していて、朝鮮半島や中国東北部などとの共通種が多く見られます。

その後、氷期が終わって温暖な後氷期を迎えると氷河が後退して

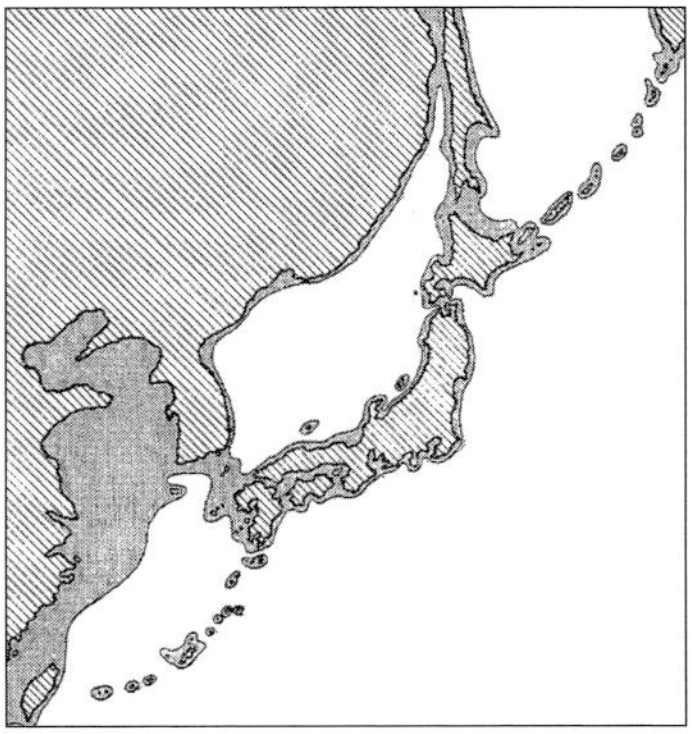

第三氷期の日本列島
湊正雄・井尻正二共著『日本列島（第二版）』（岩波新書、1966年）より

海面が上昇し、日本列島は文字どおりユーラシア大陸から隔離され現在に至っています。温暖化によって寒冷地由来の植物の多くは消滅したでしょうが、阿蘇では冷涼な山地気候に守られて生き残ったものが多くいます。阿蘇にはこのように地球の歴史の生き証人ともいえる大陸系遺存種（コンティネンタル・レリクト）も多く、なかには阿蘇固有の亜種や種に進化したものも少なくありません。阿蘇は植物の分布や進化のうえからも大変興味深い地域となっています。

植生

中岳は、現在なお噴煙を上げて火山活動を続けている活火山で、その植生は、火口周辺の火山荒原から外側に向かって噴火活動の影響が弱まるにつれてミヤマキリシマ群落、草原、森林がおよそ同心円状に分布しています。それはまるで植物群落の乾性遷移の過程を時間短縮して同時的に見ているかのようです。これらの植生の間には潜在植生を生かした人工的な農耕地やスギ・ヒノキなどの人工林が混在し、カルデラ底（火口原）には市街地も形成されています。

火山荒原

火口から遠ざかり噴火の影響が弱まるにつれて植生はどうなっているか見ていきましょう。

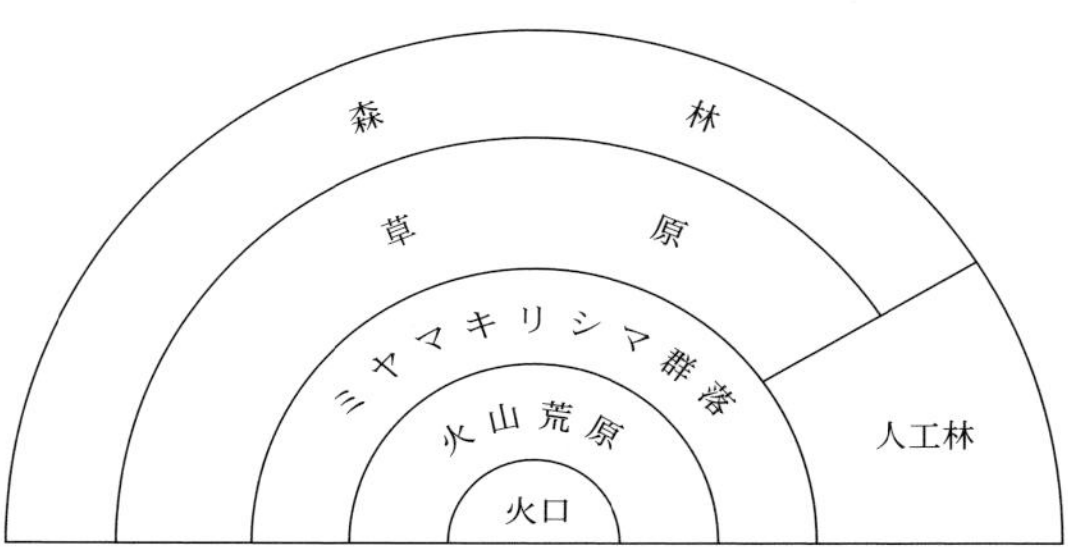

阿蘇の植生模式図

現在なお噴煙を上げている中岳の火口周辺は、火山が噴出した火山礫や火山弾、噴石などがゴロゴロして、しかも乾燥していて、まるでテレビなどで見る月世界を連想させ、生命とは無関係な世界のようです。しかし、注意して見るとたくましく生きている植物がいるのに気づきます。火口周辺は有害な火山ガスや火山灰を浴びますし、表土は強い酸性で肥料分も乏しく乾燥していて、雨が降ればすぐ流出するなど植物が生育するには苛酷な環境のようです。

火口縁に生育するイタドリ（タデ科）（７月下旬　中岳の火口で）

コイワカンスゲ（カヤツリグサ科）の半球状群落　（７月下旬、中岳で）

しかし、そのような苛酷な生育環境下にもかかわらずたくましく生育している植物がいます。人の立ち入りが禁止されている火口内壁の上部斜面にはイタドリの小群落が見られ、その生命力のたくましさには驚かされます。イタドリは、全国各地の山野でごく普通に見られる植物で、地下茎でも繁殖できることから火山灰に埋められてもすぐ芽生えて塚状の群落を形成します。イタドリは、阿蘇に限らず、日本の火山では火口に最も近い場所で見られる植物です。火口周辺で見られるイタドリは地上部が極めて矮小で、地下茎が異常に長く発達しています。肥沃な場所で見られる草丈が二㍍を超えるようなイタドリとはまるで別種のように見えます。

イタドリ群落の外側にある火山礫がゴロゴロした場所にはコイワカンスゲの半球状の独特な形をした群落が見られます。これも風で根元に吹き集まった火山灰の中に株を殖やしながら生長した結果できた形状です。

コイワカンスゲ群落の外側にはカリヤスモドキとノガリヤスが生育していますが、これらはイタドリやコイワカンスゲのような独特の形状をした群落を形成することはありません。火口から一～二㌔㍍の範囲に広がっている火山荒原に生育している植物は以上の四種に限られています。

ミヤマキリシマ群落

ミヤマキリシマは、九州の火山に固有の、ツツジの一種で、学名 Rhododendron kiusianaum も「九州のツツジ」の意となっています。阿蘇のほか、九重・霧島・雲仙などで見られます。

阿蘇では中央火口丘群のほか外輪山でも見られますが、大きい群落は火山荒原の外縁部の、特に火山ガスがよく流れる〝ガス道〟に当たっている場所にあります。中岳山上バスターミナル周辺や仙酔峡・烏帽子岳・杵島岳などの群落が大きく、五月下旬から六月上旬にかけての開花期には見事で、多くの花見客で賑わいます。これらの場所は、火山荒原ほどではなくても火山ガスの影響を強く受けます。また、冷たく強い風にさらされるなどの厳しい生育環境で、生育が抑えられてまるで刈り込まれた庭木のように整った樹形をしています。

火山活動が活発で火山ガスの量が多いときにはススキの赤変現象なども見られます。火山ガス中の二酸化イオウ（SO_2）が、空気中の水滴（露や霧）に溶けて強酸性の亜硫酸（H_2SO_3）となり、ススキの細胞内のアントシアニン（色素）と化学反応して赤色を呈するとみられます。リトマスゴケの青色色素（主成分アゾリトミン）を浸し染めた青色リトマス紙が赤色に変色するのと同じ原理です。それほど苛酷な環境に生育しながら見事な花を咲かせているのです。

マイヅルソウ（ユリ科）　葉脈が曲がった葉の形が羽を開いたツルを連想させます。（5月下旬、中岳で）

ミヤマキリシマが優占する低木林にはヤシャブシやノリウツギ・ヤマヤナギなども混生し、根元にはマイヅルソウやイワカガミ・アキノキリンソウ・ツクシゼリ・ススキ・トダシバなどの草本類も生育していて、植物社会学上からはミヤマキリシマ－マイヅルソウ群集と呼ばれています。火山活動が静穏で温暖な気候が長く続くとヤシャブシやノリウツギなどが大きく生長してミヤマキリシマを抑圧します。しかし、火山活動が活発になって濃厚な火山ガスを浴びるようになると火山ガスに抵抗力が強く回復力も強いミヤマキリシマが勢力を盛り返して形勢が逆転するのです。ミヤマキリシマ群落内ではこのような栄枯盛衰のドラマが絶えず繰り返されているのです。

ミヤマキリシマは、火山活動の影響を強く受ける厳しい環境を好んで生育しているわけでは決してなく、恵まれた環境ではほかの植物との競合に負けてしまうので、ほかの植物が生育できないような厳しい環境に耐えることで辛うじて生き続けているのです。九州固有の局地的植生であるミヤマキリシマ群落は、ほかの低木林と異なり、劣悪な生育環境でほかの植物との競合の微妙な調和の上に長年かけて形成維持されている、もうそれ以上には豊かに成り得ない極相（クライマックス）としての自然植生なのです。

草原

行けど萩ゆけど芒の原広し

明治二十九年（一八九六）四月、松山中学校から熊本の第五高等学校の英語教師として赴任した夏目漱石は、明治三十二年（一八九九）八月二十九日から九月二日にかけての山川信次郎との初めての阿蘇登山で、二百十日の暴風雨に遭って道に迷い、その時の印象を『二百十日』（一九〇六・一〇・中央公論）の中でこう詠んでいます。

阿蘇の植物景観の中心はやはりなんといってもその広大な草原です。その面積は約一万五〇〇〇ヘクタール（人工の牧草地は除く）ともいわれ、日本の山地草原を代表しています。『日本書紀』（七二〇年）には景行天皇が草原の広さに目を見張られたことが既に書かれています。漱石が詠んだのは中央火口丘群北麓の草原のようですが、外輪山上にはもっと広い草原が広がっています。カルデラ縁から外側へ三度くらいの傾斜で何十キロメートルも延々と続く草原は壮観というほかありません。北外輪山上には二重《ふたえ》ノ峠から九州横断道路まで約一万ヘクタールもの端辺《はたべ》原野が広がり、東部の波野ヶ原、東南部の山東原野へと続き、さらに大分県の久住山麓へとつながっています。久住高原と併せた草原の広さは西日本最大規模で、その広がりは箱庭的な景観が多い日本にあって大陸的ともいえ、北海道や東北地方の草原と並び、日本の草原を代表しています。また、その歴史も古く、外輪山東部では花粉やイネ科植物細胞内に蓄積された珪酸（プラント・オパール）の微化石から、今からおよそ一万三〇〇〇年前には現在のようなススキの草原が広がっていたらしいことが分かっていて、これほど長期間継続している草原の例は日本ではほかにはないようです。

一見なんの変哲もなさそうな緑一色の絨毯のような草原ですが、湿地まで含めると六〇〇種以上もの植物が生

北外輪山上に広がる端辺原野。カシワは樹皮が厚くて野火に強い。谷間の湿地には遺存種が数多く生育しています。

育しているのです。その中にはハナシノブ（ハナシノブ科、一九九三年、環境省指定特定国内希少野生動植物種）やマツモトセンノウ（別名ツクシマツモト、ナデシコ科）・ケルリソウやチョウセンカメバソウ（ともにムラサキ科）・アソタカラコウ（キク科）などのように阿蘇の草原に固有のものや、阿蘇から九重にかけての草原だけでしか生育が知られていないアソノコギリソウ（キク科）・ヤツシロソウ（キキョウ科）・ヒロハトラノオやツクシクガイソウやツクシシオガマ（三種ともゴマノハグサ科）などもあります。また、アソヒカゲスミレやアソキクバスミレ（ともにスミレ科）のようにその名から分かるように阿蘇で最初に発見されたものもあります。阿蘇の草原はこのように分布や進化のうえから独特で貴重な植物を数多く育んでいます。

草原を彩る四季の花

阿蘇の草原は野の花の宝庫で、四季を通して草原に彩りを添えており、特に多くの花が咲く草原は花野と呼ばれています。春が遅い阿蘇でも四月になると日平均気温が五度を超えるようになり、やっと早春の候を迎えます。野焼きで黒く焼け焦げた大地も一雨ごとに若草色に衣替えし、長草型の草原ではススキが伸びる前までの短い期間に咲き急ぐかのようにスミレやキスミレ・ハルリンドウ・オキナグサ・イチリンソウ・ツクシシオガマなどが、また北外輪山の湿地ではサクラソウやリュウキンカなども一斉に咲き、紫・黄・青・白・赤と色彩豊かに華やかに彩ります。

五月も立夏を迎える頃になるとオカオグルマが、中旬にはノアザミと、外輪山東部の波野ヶ原では九州では阿蘇だけでしか知られていないスズランも咲きます。下旬にはシライトソウの試験管用ブラシのような細長くて白い花が強い芳香を漂わせます。

六月になると日射も一段と強まり、オカトラノオやクララ・ハナウドなどの白い花が清涼感を与えてくれます。そしてユウスゲや湿地のノハナショウブが咲き始めるといよいよ梅雨の到来です。梅雨最盛期の六月下旬にはカワラナデシコのピンク色の清楚な花も咲き、外輪山の東部では日本ではこの地域固有の名花ハナシノブやマツモトセンノウ・アソタカラコウなどのほかヒメユリなども咲きます。

七月になるとアソノコギリソウ・ツクシクガイソウ・ヤブカンゾウ・ハンカイソウ・クサフジ・ツルフジバカマ、また北外輪山上の湿地ではエゾミソハギやオグラセンノウなども咲き、中旬にはオミナエシ・サイヨウシャジン・オグルマ・ワレモコウ、湿地ではサワヒヨドリなども咲きます。下旬には日平均気温が二〇度を超え、立夏から約二か月も遅れてやっと初夏の候を迎えたといった感じで緑濃い草原にコオニユリの赤橙色の花が彩りを添え、マツムシソウの薄紫色の花も咲きます。

八月になるとヤツシロソウ・キツネノカミソリ・ホソバシュロソウ・ヒロハトラノオなどが咲き始め、中旬にはタムラソウ、外輪山東部ではヒゴタイ、また北外輪山の湿地ではツクシフウロやシラヒゲソウなども咲きます。阿蘇の夏は名ばかりで、下旬には日平均気温が二〇度を下るようになり、ススキの穂も伸び、ヤマハギやシラヤマギクが咲き、すっかり秋の気配です。

九月になるとシオンやキオン・タチフウロ、北外輪山上の湿地ではヒゴシオンが咲き、下旬にはウメバチソウ・センブリ・アキノキリンソウも咲きます。十月になると日平均気温は一五度を下回り、阿蘇の花ごよみを締めくくるようにリンドウ・ヤマラッキョウ・ツクシアザミ・ハバヤマボクチも咲き、すっかり晩秋の気配です。下旬には日平均気温は一〇度を下回り初霜をみる頃になるとミヤマカンギクやヤクシソウの黄色い花も咲き終わり、冬枯れの野へと足早に変わり、来春まで長い冬の眠りの時季を迎えます。

ツクシシオガマ（ゴマノハグサ科）　その名が示すように九州固有種です。（5月下旬、波野ヶ原で）

ハルリンドウ（リンドウ科）　春に咲く、リンドウの仲間。（4月下旬、端辺原野で）

オカオグルマ（キク科）丘小車の意で湿地に多いサワオグルマ(沢小車)に対する名。（5月上旬、波野ヶ原で）

オキナグサ（キンポウゲ科）　有毒で牛が食べないので放牧地で目立ちます。（4月上旬、山東原野で）

シライトソウ（ユリ科） 白糸草の意。強い芳香があります。（6月上旬、端辺原野で）

ノアザミ（キク科）野に咲く薊《あざみ》の意。春に咲く唯一のアザミです。（6月上旬、端辺原野で）

ハナウド（セリ科） 阿蘇では「ザシ」とも呼んでいます。（6月上旬、端辺原野で）

スズラン（ユリ科） 花の形が鈴に似て見えます。園芸品はドイツスズランです。（5月下旬、波野ヶ原で）

ハンカイソウ（キク科）高さが１ｍを超え、その勇壮な姿が中国漢代の武将樊噲に見立てられたという。（６月上旬、波野ヶ原で）

カワラナデシコ（ナデシコ科） 河原に生える撫子の意ですが、山地でも普通に見られます。（８月中旬、波野ヶ原で）

エゾミソハギ（ミソハギ科）ミソハギ（禊萩）に似ているが、茎や葉、花序などに短毛があります。（８月上旬、端辺原野で）

アソノコギリソウ（キク科） 阿蘇鋸草の意で、葉の形が鋸に似ています。（８月中旬、端辺原野で）

コオニユリ（ユリ科）　オニユリより小形で、むかご（珠芽）がつきません。（8月中旬、端辺原野で）

オミナエシ（オミナエシ科）　女郎花と書き、オトコエシより葉の毛が少ない。（8月下旬、波野ヶ原で）

マツムシソウ(マツムシソウ科)　(10月上旬、端辺原野で)

ワレモコウ（バラ科）　吾木香の意で、木香（インド原産のキク科）に似ています。（8月下旬、端辺原野で）

シラヤマギク（キク科）白い野菊の意で、乾いた場所を好みます。（8月下旬、端辺原野で）

キツネノカミソリ（ヒガンバナ科） 狐の剃刀の意。（8月上旬、波野ヶ原で）

ナンバンギセル（ハマウツボ科） 南蛮煙管の意で、別名オモイグサ（思草）、ススキの根に寄生します。（8月下旬、山東原野で）

タムラソウ（キク科） 漢字では田村草と書くが意味は不明。（8月下旬、波野ヶ原で）

ツクシゼリ（セリ科） 筑紫芹の意ですが、九州のほか岡山県にも自生、山地の岩礫地に生える多年草。（10 月上旬、端辺原野で）

キオン（キク科） 黄苑の意。（9 月上旬、端辺原野で）

アキノキリンソウ（キク科） 別名アワダチソウ、日当たりの良い山野に生える多年草。（12 月上旬、端辺原野で）

ウメバチソウ（ユキノシタ科） 梅鉢草で、花の形が菅原道真の梅鉢の紋に似て見えます。（10 月中旬、草千里ヶ浜で）

ツクシアザミ（キク科）筑紫薊の意で、とげが鋭くて牛馬が食べないので放牧地でよく目立ちます。(11 月上旬、山東原野で)

リンドウ（リンドウ科） 熊本県の県花。(10 月中旬、草千里ヶ浜で)

ハバヤマボクチ（キク科） 葉場山は草刈り場のある山で、ぼくち（火口）は火打石の火花を移しとるもののこと。(11 月上旬、波野ヶ原で)

ヤマラッキョウ(ユリ科)(11 月上旬、波野ヶ原で)

草原の花ごよみ

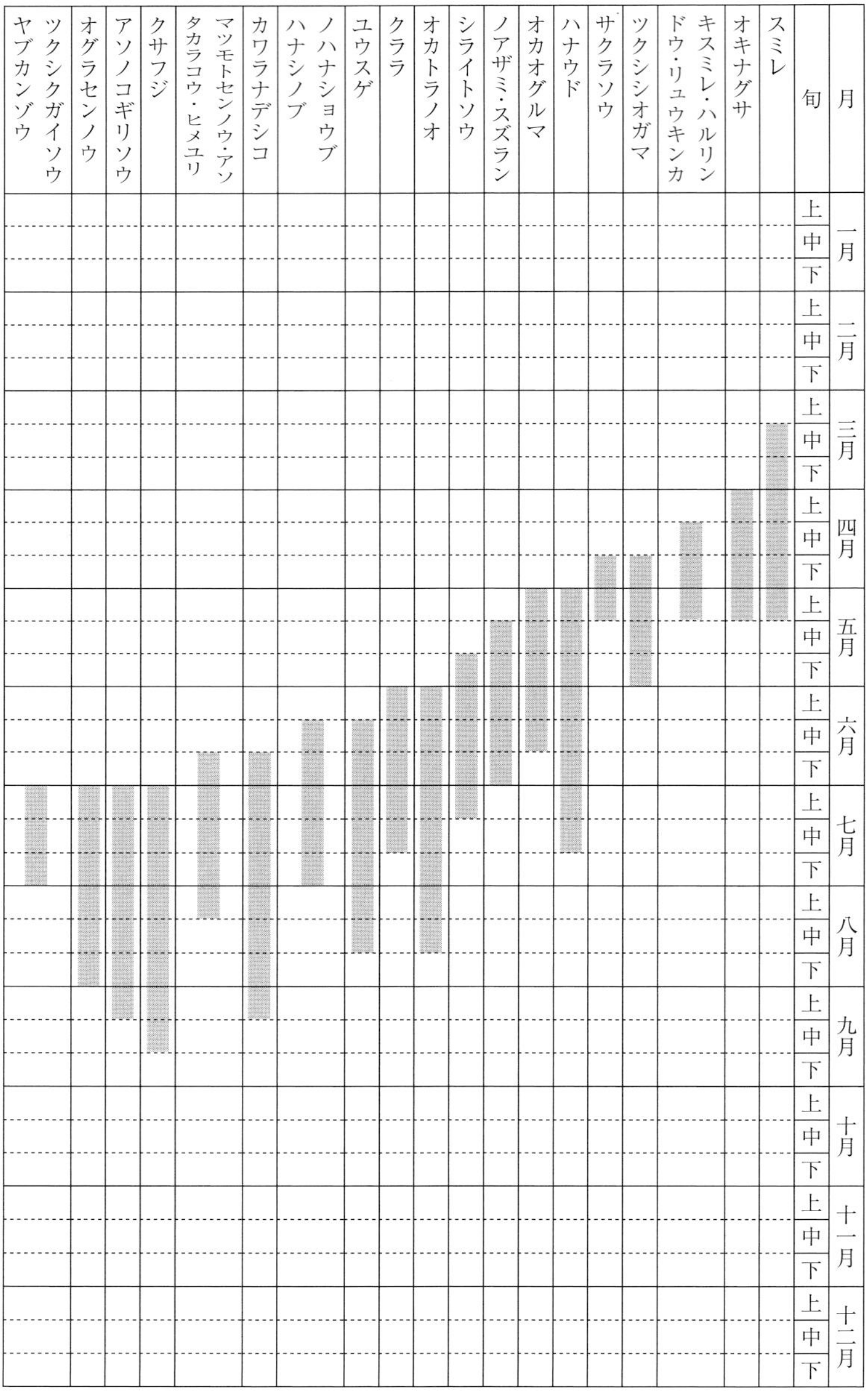

月
旬
スミレ
オキナグサ
キスミレ・ハルリンドウ・リュウキンカ
ツクシシオガマ
サクラソウ
ハナウド
オカオグルマ
ノアザミ・スズラン
シライトソウ
オカトラノオ
クララ
ユウスゲ
ノハナショウブ
ハナシノブ
カワラナデシコ
マツモトセンノウ・アソタカラコウ・ヒメユリ
クサフジ
アソノコギリソウ
オグラセンノウ
ツクシクガイソウ
ヤブカンゾウ
一月
二月
三月
四月
五月
六月
七月
八月
九月
十月
十一月
十二月
上
中
下

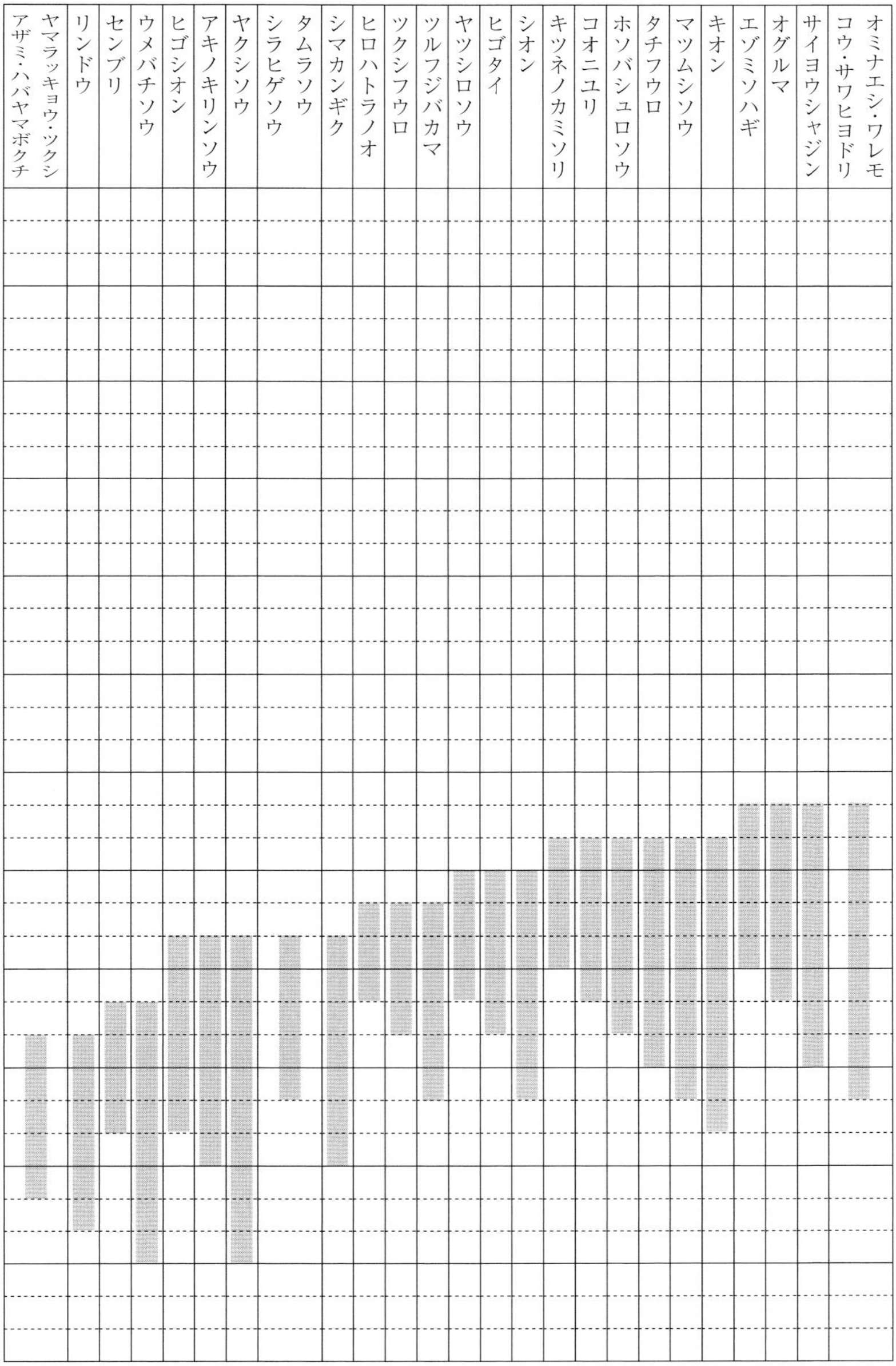
オミナエシ・ワレモコウ・サワヒヨドリ
サイヨウシャジン
オグルマ
エゾミソハギ
キオン
マツムシソウ
タチフウロ
ホソバシュロソウ
コオニユリ
キツネノカミソリ
シオン
ヒゴタイ
ヤツシロソウ
ツルフジバカマ
ツクシフウロ
ヒロハトラノオ
シマカンギク
タムラソウ
シラヒゲソウ
ヤクシソウ
アキノキリンソウ
ヒゴシオン
ウメバチソウ
センブリ
リンドウ
ヤマラッキョウ・ツクシアザミ・ハバヤマボクチ

〈花野と盆花〉

阿蘇地方では野の花がたくさん咲く草原を〝花野〟と呼び、盂蘭盆《うらぼん》には野の花を先祖の墓前に盆花として供える独特の風習があります。本来は旧暦で行われていましたが、現在は月遅れの八月に行われています。草原はちょうど秋の花が盛りを迎える時季で、供えられる花としてはカワラナデシコ・コオニユリ・オミナエシ・アソノコギリソウ・サイヨウシャジンなど三〇種以上の中から色とりどりに組み合わせられます。ヒゴタイやヤツシロソウなどを主役に供える地区が多いのも阿蘇ならではの贅沢です。

しかし、近年は草原の衰退で豊かだった盆花も減少し、ヒゴタイ・ヤツシロソウ・ハナシノブは、平成三年十一月に「熊本県希少野生動植物の保護に関する条例」によって希少植物に指定され保護されることになりました。また、ハナシノブは先述のように環境省の「絶滅のおそれのある野生動植物の種の保存に関する法律」によって、国内特定希少野生植物にも指定されました。そういうわけで盆花も主役を欠いた質素なものに様がわりしています。

氷期遺存植物が多い湿地

外輪山の北部から東部にかけての山上の波うつ高原の谷間には大小いくつもの湿地が散在しています。なかでも北外輪山上の端辺原野に散在する湿地面積は本州以南では最大といわれ、その周辺の草原とはちょっと異なった独特の植物の種類相（フロラ）を形成しています。カヤツリグサ科の植物二一種をはじめ、マアザミ・サワヒヨドリ・サワギキョウ・ノハナショウブ・ミズオトギリ・チゴザサなど約七〇種の湿地性植物の生育が確認されていて、その半数以上の五六㌫に当たる植物が朝鮮半島中部から中国東北部にかけて生育している種類と共通し

サクラソウ（サクラソウ科）　花が桜の花に似て見えます。（4月下旬、端辺原野で）

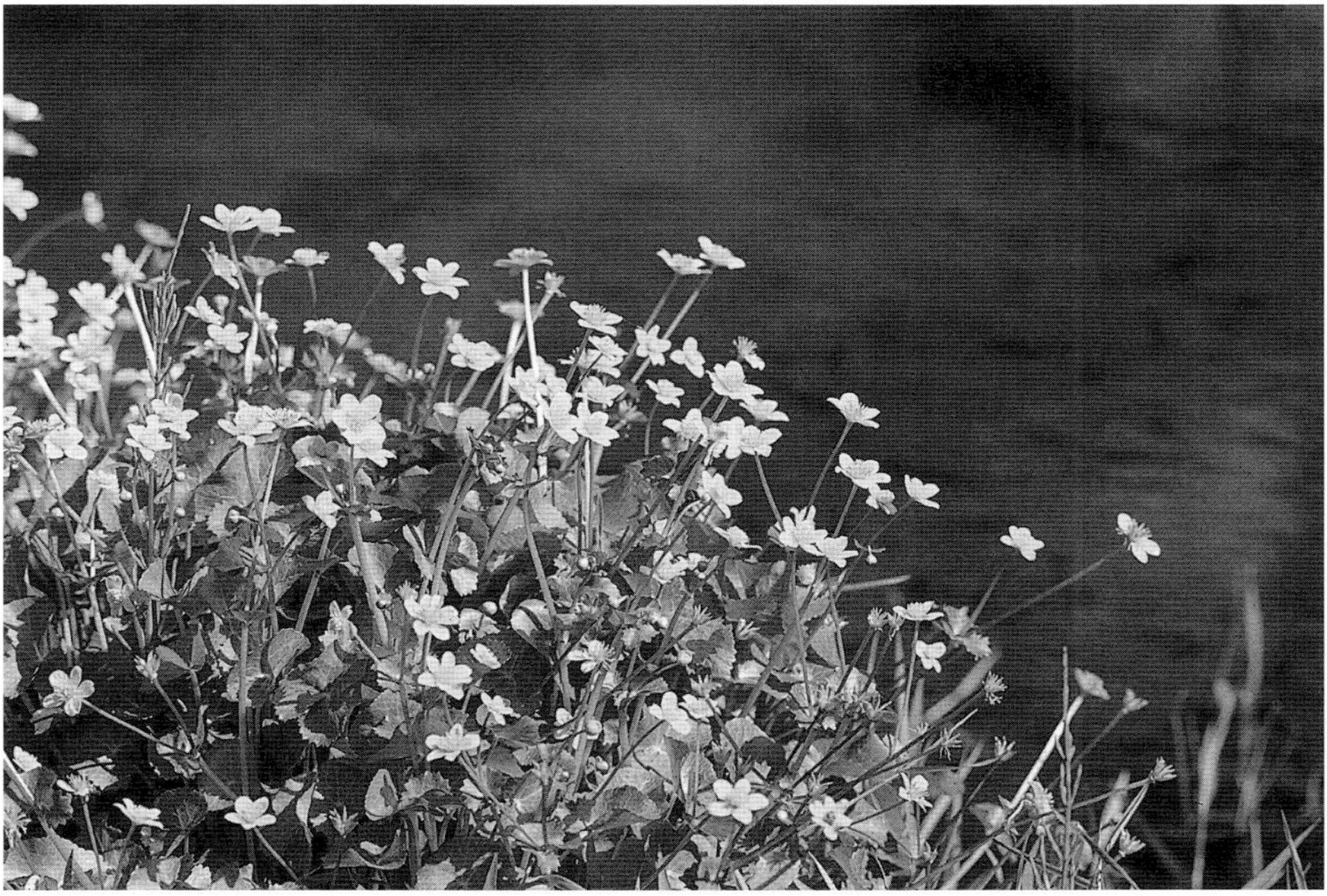

リュウキンカ（キンポウゲ科）　立金花の意で、黄金色の花が直立した花茎の先端で咲きます。（5月中旬、端辺原野で）

サワヒヨドリ（キク科）　沢鵯の意で、ヒヨドリバナに似て湿地に多いことからその名があります。（8月下旬、端辺原野で）

ノハナショウブ（アヤメ科）　園芸品のハナショウブの原種。（7月下旬、端辺原野で）

ヒゴシオン（キク科）　肥後紫苑の意で、九州固有種。（9月上旬、端辺原野で）

クサレダマ（サクラソウ科）　草レダマの意。レダマは外来のマメ科植物。（7月上旬、端辺原野で）

マアザミ（キク科）　花が横向きに咲くことからキセルアザミ（煙管薊）ともいう。（９月中旬、端辺原野で）

ツクシフウロ（フウロソウ科）　湿地に生える多年草で、ゲンノショウコの約２倍の大きさの花を咲かせます。（９月上旬、端辺原野で）

シラヒゲソウ（ユキノシタ科）　花弁の縁が糸状に深く細裂して白ひげを連想させます。（９月中旬、端辺原野で）

ているのです。

それらの中には、ヒゴシオン（キク科）やツクシフウロ（フウロソウ科）・オグラセンノウ（ナデシコ科）など日本では阿蘇から九重にかけての地域だけにしか生育していないものや、九州では稀な北方系のタニヘゴ（オシダ科）・エゾツリスゲ（カヤツリグサ科）・イトイヌノヒゲ（ホシクサ科）・エゾミソハギ（ミソハギ科）・イブキトラノオ（タデ科）・リュウキンカ（キンポウゲ科）・シラヒゲソウ（ユキノシタ科）・ムカゴニンジン（セリ科）・クサレダマやサクラソウ（ともにサクラソウ科）・ホザキノミミカキグサ（タヌキモ科）なども含まれています。このようにユーラシア大陸北部との共通種が多く生育しているのが阿蘇の草原の特徴で、湿地でその傾向が特に顕著です。これは先述のように氷河期の海面低下時にユーラシア大陸北部から侵入したもので、標高が高く冷涼で、しかも豊富な水によって周辺の気候が局地的に和らげられるという物理的な好条件のもとで、さらに湿地の利用価値が低くて開発からも免れたためにほとんど自然に近い状態で今日まで生き残ってこれたとみられます。これら大陸系の遺存種（コンティネンタル・レリクト）は、まさに地球の歴史の生き証人なのです。

人為草原

草原と一口に言っても、自然草原ばかりでなく、人手が加わって維持されている二次的な人為草原もあります。日本のように中緯度に位置して降水量が豊かですと先述のように河川敷や海岸、森林限界以上の高山帯などを除くと自然草原は極めて少なくて、そのほとんどが二次的な人為草原です。人為草原は人手の加わりの程度によってさらに半自然草原と人工草原に分けられます。

阿蘇の草原は、ミヤマキリシマ低木林の外側に位置しています。そしてその草原の外側には森林が発達しています。つまり低木林と森林の間に挟まれるようにして草原が広がっているのです。本来ならばミヤマキリシマの低木林の外側には森林が位置するのが自然の姿であり、この配列順は自然の植物群落の遷移の進行から逸脱しています。
阿蘇は、北緯三三度付近にあって、草原は主に海抜六〇〇～八〇〇㍍の高さの場所に広がっています。そこでの年平均気温は一〇～一二度で、年間降水量は三〇〇〇㍉を超えています。このような自然条件下では通常はほぼ全域が森林で覆われるのが自然本来の姿です。実際、外輪山西部の北向谷や西北部外側斜面の菊池渓谷、南外輪山内壁の狼《ろう》ヶ《が》宇《う》土《ど》及び外側斜面の大矢国有林、それに阿蘇五岳の一つで東端に位置する根子岳などにはまとまった森林が発達しています。また、草原の間にパッチ状に植林されているスギやヒノキの生長した人工林からも分かるように今でも森林を発達させる地力もあるのです。それにもかかわらず草原の状態にあるのは火山噴火のせいだけでなく、人為作用によっているのです。阿蘇では数百年から一〇〇〇年以上の長い年月にわたって続けられてきた放牧・採草・野焼きなどの人為作用によって森林への遷移が妨げられているのです。つまり、人為極盛相としての二次的な半自然草原なのです。阿蘇の草原の起源は大変古いらしいことは先述のとおりで、外輪山東部では今からおよそ一万三〇〇〇年前にもススキの原が広がっていたらしいことが知られています。農耕が始まったのは世界的にみても新石器時代になってからとされていますが、外輪山上では二万四〇〇〇年前には人の営みが始まっており、もしかしたら焼畑農業などを既に行っていたのかもしれません。

ちなみに温帯の自然草原は、年間降水量が一〇〇〇㍉にも満たない乾燥気候で、とくに植物の生長が盛んな夏季に雨が少なくて冬季の寒さが厳しい地域にあります。北アメリカ大陸のロッキー山脈東側に広がっているプレーリーやユーラシア大陸の中国東北部からモンゴル・中央アジア・ロシア南部にかけて広がっているステップなどは草本類がやっと生育できるだけで、草原の状態が極相（クライマックス）であり、別に放牧や採草、野焼きなどしなくても元々樹木は生育できない厳しい自然環境下にあって、放牧くらいにしか利用できない土地なのです。

半自然草原

草原利用の歴史は、人が家を建て、農耕生活を開始した時代にまで遡るでしょう。つまり家屋の屋根（茅葺き）の材料や田畑の肥料（緑肥《りょくひ》）、牛馬の飼料（秣《まぐさ》）などとしての利用です。瓦が普及する以前の家屋の屋根は茅葺きが一般的で、阿蘇ではその材料を調達する草原を萱野《かやの》とか萱切場《かやきりば》とか呼ばれ、ほとんどススキだけからなっています。

草原を利用目的でみるときには草地と呼びますが、阿蘇では牛馬飼育のための利用が中心になっています。つまり牛馬の放牧や採草地としての利用です。また、その副産物である牛馬の屎尿《しにょう》が混じった廐肥《きゅうひ》は青刈り草をそのまま緑肥にするより濃厚で、化学肥料が普及する以前は田畑の主な肥料として火山灰土壌での有機農業を支えていました。牧畜と役畜農業が緊密に連携した循環型の有機農業が展開されていたのです。

国道57号線から阿蘇登山自動車道を登って行くと、左手（東側）にお椀を伏せたような整った形の米塚（九五四㍍）が見えてきます。全山がススキやネザサに覆われていて一帯は牛馬の飼料用の採草地になっています。特にススキは粗タンパク質の含有量が多く（平均八・八㌫）、栄養価が高いので牛馬の飼料に適しています。

ススキとネザサを中心とする草原は、阿蘇から九重にかけて広がる草原の大部分を占めています。その広さは、九州の植物界では屋久杉と同じくらい貴重といわれています。そもそもネザサそのものが日本固有種であり、世界的にも他に類例がない特殊な植物群集なのです。

ネザサ（イネ科）　原野に群生する小型の竹。高さ20～150㎝と生育環境で変異が大きい。常緑だが冬に落葉するものもあります。
（６月中旬、波野ヶ原で）

新しい火山灰土にはまずススキが侵入しますが、植物に有害な硫化物が溶け出てやや古くなるとネザサも生育するようになります。古くなった火山灰土ではススキ、ネザサのほかにも先述のように阿蘇固有のハナシノブやマツモトセンノウ（ツクシマツモト）、日本では阿蘇から九重にかけてしか生育が知られていないアソノコギリソウ・ヤツシロソウ・ツクシシオガマなど、植物の分布や進化のうえから注目される貴重な種も数多く生育しています。採草地（長草型草地）では、隔年ごとの野焼きによって火に弱い低木の生育が抑えられて草原の状態が維持されています。

米塚を通り過ぎてさらに登って行くと、今度は道路の右手（南側）に牛馬がのんびり草を食べている平坦な草原が広がってきます。草千里ヶ浜火山の火口跡、通称、草千里です。ここは米塚のような長草型の草地とは異なり、主に短草型のシバ群落で牛馬の放牧地になっています。米塚より中岳の火口に近く、火山ガスが流れるガス道にも当たっていて植物の生育環境としては厳しく、シバのほかにもトダシバやカワラマツバ・ツクシゼリ・アキノキリンソウ・リンドウなども見られますが、いずれも矮小化していて、ほとんどシバの純群落といってもよい状態にあります。

シバ群落は、人類が牛馬の放牧を始める以前には存在していなかったのではないかといわれるほど放牧地特有の植物群落で、東北地方の放牧地などでもおなじみです。シバ群落が良好な状態に保持されるには適度の放牧が必要で、阿蘇や九重では通常一〇㌶当たり牛一五頭だとシバ型草地が保持されるが、六〜一〇頭ではササ型になり、五頭以下だとススキ型になるという。反対に一五頭より多いと過放牧ということになりオオバコ型になってしまうという。また、放牧の管理が悪くて土壌の酸性化が進行すると牛馬が食べないワラビが繁茂するようになります。

草原を放牧地として利用するか、それとも採草地として利用するかは、火山灰の降灰量が大きく関係しています。偏西風帯にある阿蘇では年間を通して西寄りの風が多く吹くため、中央火口丘群だけでなく外輪山東部でも降灰の影響を強く受けてススキが優占しています。仮に放牧が強化されてもワラビよりシバが優占します。ワラビは外輪山ではじめて優勢となり、特に風上側の久木野方面に多く目立ちます。阿蘇の二次的な半自然草原は、このように採草地（長草型草地）にしろ、放牧地（短草型草地）にしろ、火山の風土に合った長年にわたる人為との微妙な調和によってそれぞれの地域の植物相（フロラ）も維持されているのです。

馬の放牧　（2001年5月28日、杵島岳北麓で）

赤《あか》牛の放牧

〈放牧と採草〉

阿蘇での放牧についての最古の記録としては律令の施行細則『延喜式』（九二七年）に「肥後國二重馬牧。波良馬牧」の記述が見出されます。二重馬牧は北外輪山西部の二重ノ峠（阿蘇市）一帯、波良馬牧はその東部の阿蘇郡南小国町南部の北外輪山一帯に比定されそうです。いずれにせよ平安時代に阿蘇には大宰府に兵馬を供給する全国的に知られた九州最大の官営の名馬の産地が少なくとも二か所はあったこと

干し草小積み　(1995 年 10 月 3 日、北外輪山上で)

が分かります。

また、延暦・大同年間（七八二年〜八一〇年）に阿蘇味村が阿蘇牧監（牛馬の飼育責任者）だったことや、阿蘇市に「内牧」や「小堀牧」、菊池郡大津町に「内牧」や「外牧」などの地名も残っていることから、阿蘇の原野では古くから放牧が盛んだったようです。今日、阿蘇で放牧されているのは馬より牛の方が多いものの、古くには名馬の産地としての方がよく知られていたのです。

牛も『続日本紀』（七九七年）の聖武紀に「馬・牛は人に代わり勤労して人を養う」とあり、『延喜式』（九二七年）にも犂《からすき》による牛耕のことが書かれていますので日本では役牛も古くから飼育されていたことが分かります。熊本県内でも奈良時代の住居跡とみられる遺跡から牛骨が出土しています。阿蘇でもおそらく八世紀以降、牛馬が放牧されていたと推察されます。

阿蘇では現在、約一万頭の繁殖雌牛が放牧されています。その多くは母牛と仔牛です。褐色和種という品種で、隣の大分県九重地域の黒牛に対して俗に肥後の〝赤《あか》牛〟と呼ばれています。スイス原産の体格がよく乳肉兼用のシンメンタール品種を明治時代に品種改良したもので、強健で粗食に耐えて成長が速く、性質も温厚で放牧に適しています。馬も子馬生産のための繁殖馬が放牧されていますが、現在は牛よりずっと少なくてわずかです。

野草を飼料にしての放牧は、冬には野草が枯れてしまいますので、五月から十月までの約一五〇日間程度しかできず、冬季には畜舎に連れ帰らなければなりません。つまり夏山冬里方式の飼育です。畜舎での冬季の飼料は、九月中旬から十月中旬にかけて刈り取られます。刈り取った野草は二～三日間天日で乾燥させてから干し草小積みにして蓄えられます。緩やかに起伏する広い冬枯れの野のあちこちに散在する干し草小積みは牧歌的で詩興をそそる阿蘇の秋から冬にかけての風物詩となっています。

しかし、その陰には大変な労働が秘められています。特に、まだ道路事情が悪くて自家用トラックも普及していなかった昭和三十五年（一九六〇）頃までは、交通不便な北外輪山上の端辺原野では自宅から現場へ通う労力と時間を節約するためにススキで小屋を小川のほとりに造り、食料、炊事用具、寝具まで持ち込んで何日も泊まり込んで（草泊《くさやど》り）の大変な作業だったのです。

〈野焼き〉

野焼きは、刈り残した古野《ふるの》と呼ばれる長草型の採草地で、春の彼岸を中心に一斉に行われます。前年の枯れ草や伸び始めようとする低木類を焼却して新しい草本だけを効率よく刈り取れるようにするのが主目的で、草原の維持に大きく役立っています。また、ダニ駆除の効果なども期待できて一石二鳥です。

野焼きでの地上温度は枯れ草の量にもよりますが、六〇〇～八〇〇度くらいになるため、草刈りや放牧の際に障害となり、放置すると森林への遷移につながるノリウツギやヤマハギ・ノイバラ・アキグミ・サルトリイバラなどの火に弱い低木の生育が抑制されます。一方、地下温度は地下一センチメートルでは約一〇度高くなる程度で、二センチメートルだと五度以下です。牛馬が好んで食べるススキやネザサ・トダシバ・シバなどのイネ科植物は地下茎が発達していて生長点も地下深くにありますので火の影響はほとんどありません。その結果、これらイネ科植物を選択的に生長させて草原状態が維持されることになるのです。ちなみに野焼きを六年も中止するとノリウツギなどの低木が目に見えて侵入し大きく生長します。さらにそのまま放置すると今度はススキが衰退し、代わってノリウツギが急に生長します。要するに野焼きは、枯れ草を焼却除去するとともに火に

野焼き　（1988 年 3 月 20 日、端辺原野で）

「火」文字焼き　（1989 年 3 月 21 日、往生岳で）

弱い低木の生長、拡大を阻止し、地下茎が発達して火に強く牛馬の飼料となるイネ科植物を選択的に残す、最も単純にして効果的な草地管理の方法なのです。ただ、野焼きをすると、枯れ草中の物質が飛散する分だけ土壌の生産力が低下しますので、阿蘇では経験上から隔年実施が最良とされています。

野焼きには事前の準備が大変です。延焼防止のための幅六～一〇㍍の防火帯を設けておく必要があります。前年の夏から秋にかけて行われる「輪地切り」、「輪地焼き」と呼ばれる作業は暑い時季の強い日射の下での重労働です。阿蘇での野焼きがいつごろから始まったかは今一つはっきりしていませんが、中世に阿蘇社（現・阿蘇神社）の神事として阿蘇五岳西北麓の下野一帯で大規模な巻狩が行われ、その際、狩場に火入れされたという記録が見出されることからそのあたりが起源ではないかとも考えられます。ただ、野焼きが牧畜の一環として行われていることから考えると、牧畜の起源とともにその歴史はもっと古いかもしれません。

人工草原（改良草地）

冬枯れの野のあちこちに色鮮やかな緑地がパッチ状に広がっています。自然草原を改変して栄養価が高い牧草を人工的に栽培した一種の〝畑〟で、牧草地とか改良草地とも呼ばれています。多種多様の植物が生育している半自然草原を利用した放牧地や採草地とは人手の加わり方の程度が大きく異なる人工的に造成された全く異質の草地（畑）です。

牛肉や牛乳の品質向上が要求される今日、自然の野草利用だけの飼育では満足されず、栄養価、収穫量ともに高い牧草地（改良草地）の造成が進んでいます。特に昭和四十年（一九六五）代の国営大規模草地改良事業により外来牧草による人工草原の造成が広がっています。暖かい季節にはキシュウスズメノヒエ、寒い季節にはイタリアングラスを播種して多量の牧草が収穫されています。このほか一般的な牧草としてはオオアワガエリ・ナガハグサ・シロツメクサ・アカツメクサなどもあります。これらの外来牧草は元々気温が低い地方原産のものが多く、割と低温でも生育しますので冬季でも緑色をしているのです。一方、牛は大きな第一胃での発酵熱によって予想以上の耐寒性を有していますので周年放牧も可能になりました。

〈草原減少の危機〉

阿蘇の草原は、やせた火山灰土壌での役畜農業を長年支えてきました。草原の野草は田畑の緑肥《りょくひ》にされ、耕運に使役する牛馬の大切な飼料とされました。また、ススキなどは家の屋根の材料にされました。牛馬が野草を食べて排泄した屎尿《しにょう》が混じった厩肥《きゅうひ》は緑肥より濃厚で、実に無駄のない合理的な循環型の有機農法が展開されていたのです。

しかし、化学肥料が普及し、耕運は機械化され、建築様式も変化すると、野草、つまり草原の利用が低下しました。草原は利用されずに放置されるとすぐ森林へ遷移するのは先述のとおりで、放牧や採草、野焼きなどの人為によって草原の状態が維持されていることを忘れてはいけません。草原面積の減少は阿蘇に限らず、全国的な問題です。日本の草原面積は、明治・大正時代には国土面積の一一パーセントを占めて水田より広かったのですが、現在では三パーセントにまで減少し、管理されている草原は一パーセント程度といわれています。

このように草原が減少し、荒廃していくなかでこれまで草原に長年育まれてきた貴重な植物や動物も失われているのです。阿蘇の草原では生育する約六〇〇種の植物のうち、環境省のレッドリスト（二〇〇七年）に、ごく近い将来に絶滅の危険性が極めて高いとみられる絶滅危惧ⅠA類が二種、それほどではないが近い将来に絶滅の危険性が高いとみられる絶滅危惧ⅠB類が一九種、絶滅の危険が増大している絶滅危惧Ⅱ類が三五種、存続基盤が脆弱な準絶滅危惧が一七種と、一割以上もの七三種がリストアップされています。

阿蘇の草原の絶滅危惧種（環境省のレッドリスト二〇〇七年より抜粋）

絶滅危惧ⅠA類（CR）	絶滅危惧ⅠB類（EN）	絶滅危惧Ⅱ類（VU）	準絶滅危惧（NT）
ハナシノブ、ヒナヒゴタイ（2種）	オグラセンノウ、ハナカズラ、ハナハタザオ、ツチグリ、アソタイゲキ、サワトラノオ、ムラサキ、ケルリソウ、チョウセンカメバソウ、ツクシコゴメグサ、ツクシクガイソウ、ヤツシロソウ、タカネコウリンギク、タマボウキ、ノヒメユリ、ヒメユリ、ハタベスゲ、ダイサギソウ、ササバラン（19種）	マツモトセンノウ、オキナグサ、ヒキノカサ、ベニバナヤマシャクヤク、コウライトモエソウ、ツクシフウロ、ホソバシロスミレ、ヒメノボタン、ミシマサイコ、シムラニンジン、ノジトラノオ、ヒメナエ、ロクオンソウ、フナバラソウ、カイジンドウ、キセワタ、ゴマクサ、ツクシトラノオ、ゴマノハグサ、バアソブ、キキョウ、ヤブヨモギ、ヒゴシオン、シオン、ヒゴタイ、ホソバオグルマ、タカサゴソウ、ミコシギク、アソタカラコウ、ヒメヒゴタイ、エヒメアヤメ、マイヅルテンナンショウ、ツクシテンツキ、ハタベカンガレイ、ミズトンボ（35種）	ミチノクフクジュソウ、ノカラマツ、ヤチマタイカリソウ、タノコアシ、イヌハギ、サクラソウ、ムラサキセンブリ、スズサイコ、ムラサキミミカキグサ、アソノコギリソウ、ヒロハヤマヨモギ、チョウセンスイラン、クジュウツリスゲ、エビネ、ムカゴソウ、サギソウ、トキソウ（17種）

※以上、七三種のほかに情報不明種（DD）としてシバネムの一種もあります。

森林

外輪山西側の切れ目、立野火口瀬の白川左岸に発達した阿蘇北向谷原始林（一九六九年・国指定天然記念物）や外輪山西北外側斜面の深葉国有林（通称、菊池渓谷）、南外輪山内壁の狼ケ宇土《ろうがうど》及び外側斜面の大矢国有林、それに阿蘇五岳の一つで東端に位置する根子岳などにある程度まとまった自然林が見られます。阿蘇が位置する緯度や年平均気温、年間降水量からするとほぼ全域がこのような森林に覆われているのが本来の植物景観でしょう。人為によって消失し、わずかにパッチ状に残存する森林ですが、幸いなことにこれら四地域を総合すると海抜約三〇〇㍍から根子岳山頂の一四三三㍍までの高さと、谷、尾根、山頂といった多様な地形が網羅されていて、阿蘇本来の森林の姿を復元して考えるうえで大変参考になっています。

　阿蘇の森林にはナツツバキ（ツバキ科）・アサガラ（エゴノキ科）・ヤハズアジサイやキレンゲショウマ（ともにユキノシタ科）・ヒゴイカリソウ（メギ科）・テバコモミジガサやオオバヨメナ（ともにキク科）・シコクスミレ（スミレ科）・ハガクレツリフネ（ツリフネソウ科）など内大臣や五家荘などの九州中央山地と共通する日本固有の古いタイプの植物を多く育む襲速紀要素《そはやきようそ》と呼ばれている植物群も生育していて注目されます。阿蘇は、日本列島の歴史ではごく新しい時代に誕生した火山ですが、これらの植物は火山活動が静穏な時期に九州中央山地から侵入したのでしょう。

〈襲速紀要素《そはやきようそ》〉

襲速紀とは、南九州の古名「襲の国（熊襲が住んでいた国の意）」・速吸瀬戸《はやすいのせと》（豊予海峡）・紀伊の国（今日の和歌山県と三重県の南部）からそれぞれ頭《かしら》の一字ずつとった略語で、九州・四国・紀伊半島の外帯（南側）の地域を指しています。

　西南日本を地質構造上、内帯（北側）と外帯（南側）に二分する中央構造線（大断層）は先述のように、紀伊半島、四国を横断し、九州では阿蘇火山の新しい噴出物に覆われてその位置がはっきりしませんが、臼杵（大分県）と八代（熊本県）を結ぶ線あたりを通っているとみられています。その南側の地、つまり西南日本の外帯は第三紀（六五〇〇万年前）以降ずっと陸地だった日本列島で最も古い陸塊の一つです。石灰岩の急峻な地形が多く、黒潮の影響で温暖湿潤な気候の中で、日本で最も豊かな植物相（フロラ）を形成しています。遠くヒマラヤや中国の中部から西南部にかけての地域と共通する古いタイプの植物や日本固有種を多く含むという特徴を有する植物群です。

阿蘇北向谷原始林（国の天然記念物）　12月中旬

主な森林のプロフィール

《阿蘇北向谷原始林（国指定天然記念物）》

外輪山西側の切れ目、立野火口瀬の白川左岸側にあります。白川の川底から切り立った約五〇〇㍍の断崖上（海抜約二五〇㍍）から北向山山頂（七九七㍍）にかけての急斜面に発達した約一〇〇㌶ほどの森林です。三〇〇年以前に伐採されたともいわれていますが、現在はその痕跡も認められないほど自然林本来の姿を温存しています。海抜約六〇〇㍍の場所に細川侯が参勤交代の際に通られたという旧道沿いに植えられた杉並木があり、それを除くと他は自然林です。この杉並木を境に上部と下部では植物社会は大きく異なっています。下部は阿蘇の森林では最も低い位置にあり、ウラジロガシやアカガシ・スダジイなどが優占し、サンゴジュとオニカナワラビが見られ、植物社会学上はウラジロガシ－イスノキ群集と呼ばれる暖温帯常緑広葉樹林（照葉樹林）です。薄暗い林内にはアオキやヤブツバキ・シロダモ・ヤブニッケイ・サカキなども見られますが、林床の植物は貧弱です。一方、目立つのが蔓《つる》植物で、ムベ・アケビ・ミツバアケビ・ヤマフジなどの太い蔓が樹木にからみついてよじ登り、テイカカズラやイタビカズラ・キヅタなども多く見られます。このような照葉樹林は、かつて日本南部の低地帯（丘陵帯）を広く覆っていましたが、人間生活に長年利用されてほとんどが消滅してしまいました。このようにほとんど自然の状態で残っているのは全国的にみても珍しく、昭和四十四年（一九六九）に国の天然記念物に指定されました。

杉並木より上部では、カエデ類・シデ類・エゴノキ・ヤマボウシなどの落葉高木が多くなっています。そのため林内は明るく林床の草本も豊富で、後で述べる深葉国有林（菊池渓谷）や南外輪山の森林などと共通する植物も多く見られます。また、急な谷筋では六〇〇㍍以下でもケヤキやウリノキ・ハナイカダなどの落葉広葉樹（夏緑樹）も生育していて、尾根にはアカマツも見られます。

《深葉国有林（菊池渓谷）》

先述の阿蘇北向谷原始林の北方約一五㌔㍍の外輪山西北外側斜面にあります。菊池川源流の菊池渓谷に発達して水源を涵養していることから菊池水源とも呼ばれている場所の森林です。海抜約四〇〇㍍から九〇〇㍍の高さにかけ、約七㌔㍍にわたる渓谷の両斜面に発達していて、下部の暖温帯常緑広葉樹林（照葉樹林）から上部は冷温帯落葉広葉樹林（夏緑林）に及んでいます。水量が豊富で、林内湿度が高く、渓流沿いの岩や樹幹は蘚苔類やシダ植物・着生ラン類などに覆われ、阿蘇では最も豊かな森林相を呈しています。

よく茂った大樹からなる森林と豊かな清流がおりなす自然景観は、四季それぞれに素晴らしく、春は新緑、夏は涼、秋は紅葉、冬は雪とそれぞれを求めて訪れる行楽客も多く、格好の自然探勝地となっています。

行楽客が多く訪れる渓谷の中ほどにある広河原周辺には高さ三〇㍍くらいのケヤキやイタヤカエデ・キハダ・イヌシデ・サワグルミなどの落葉広葉樹（夏緑樹）が樹冠をなし、亜高木層はアブラチャンやアオキ、草木層はヒメウワバミソウやハルトラノオ・ラショウモンカズラ・ムカゴイラクサ・ハグロソウなど六十余種からなる九

深葉国有林　（11 月上旬、菊池渓谷の広河原から上流を望む）

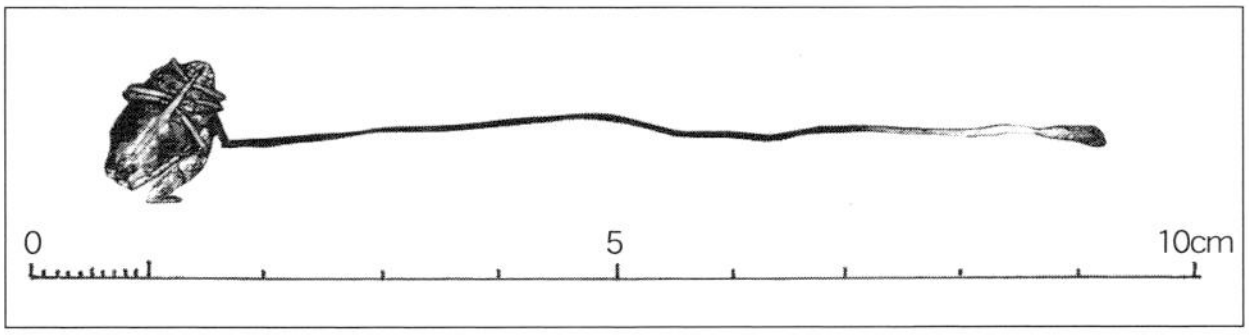

カメムシタケ（ミミカキタケ）、冬虫夏草の一種
（7 月下旬、深葉国有林で）

州ではほかに例をみないケヤキ－ヒメウワバミソウ群集と呼ばれる独特の森林が形成されており、冬虫夏草のカメムシタケ（ミミカキタケ）なども稀ならず見られます。

その上部の海抜七〇〇～八〇〇㍍の急峻な斜面には高木層にモミが優占し、亜高木層にシキミ・ヤブツバキ・イロハモミジ・イヌガヤ、低木層にヤブニッケイ・ネズミモチ・アオキ・草本層にアキチョウジ・ミヤマシキミ・キバナアキギリなどと種類が豊富なモミ－シキミ群集と呼ばれる森林が発達しています。

海抜八〇〇㍍以上の渓谷最上流域ではブナも見られ、高木層にブナが優占し、ほかにコハウチワカエデ・アカガシ・ハリギリ・イタヤカエデ・イイギリなどを交え、亜高木層にシキミ・ハイノキ・ヤブツバキ、低木層にスズタケが密生していて、冬季にあまり積雪をみない地域特有の太平洋側型のブナ－スズタケ群集と呼ばれる冷温帯落葉広葉樹林（夏緑林）が発達しています。

《狼《ろう》ヶ《が》宇《う》土《ど》・大矢国有林》

南外輪山中央部内壁の狼ヶ宇土と、外側斜面の大矢国有林の森林は、海抜五〇〇～六〇〇㍍以上の急峻な斜面に発達しています。樹種は先述の阿蘇北向谷原始林や深葉国有林のものと共通するものが多いものの、それらには見られない九州中央山地との共通種が多いのが特徴で、草本にはキレンゲショウマ（ユキノシタ科）なども見られます。これは緑川を隔てた左岸（九州中央山地）と右岸（阿蘇外輪山）という近距離にあるためでしょう。

《根子岳》

阿蘇五岳のうちで自然林に覆われているのは東端に位置している根子岳（一四三三㍍）だけです。山麓の八〇〇～一〇〇〇㍍くらいまでは草地で、森林はそれ以上の谷を中心に見られます。地形が急峻で樹木の生育は悪く、高さからはブナ林が見られてもおかしくありませんが、ナナカマドやオオカメノキ・ヤシャブシ・ニシキウツギなどを中心とした落葉低木林となっています。

　山頂部はどこでも植物の生育には厳しい条件下にありますが、加えて噴火の影響も受けミヤマキリシマ・イワカガミ・マイヅルソウ・シモフリゴケ・ショウジョウスゲなどからなる独特の植物社会は、面積は狭くても気候上、土壌上からの自然植生での極相（クライマックス）として貴重で、注目されます。

　また、阿蘇では根子岳からしか確認されていないタマガワホトトギス（ユリ科）・イヨフウロ（フウロソウ科）・ウバタケニンジン（セリ科）・サイコクミツバツツジやバイカツツジ（ともにツツジ科）などがあり、オオヤマレンゲ（モクレン科）の群生も他では見られず特記すべきでしょう。

地獄・温泉の植物

中央火口丘群西部の噴気帯にある地獄温泉や湯の谷温泉の雀地獄、外輪山東北部の黒川温泉（南小国町）の雀地獄など、〝地獄〟の地名は活火山性温泉付近に特有で、「硫気孔がある凹地」という共通点があります。硫化水素（H_2S）や二酸化イオウ（SO_2）などの空気より重い有害な硫化ガスの噴出があり、植物には火口と並ぶ苛酷な生育環境で、特殊化したイワマセンボンゴケ（蘚苔《せんたい》類）や九州固有のツクシテンツキ（カヤツリグサ科）などが見られます。

ツクシテンツキ（カヤツリグサ科）　その名が示すように九州固有種。（9月中旬、阿蘇郡南小国町のすずめ地獄で）

オキチモズク　清流に生育する淡水産紅藻。その名は最初の発見地、愛媛県の「おきち泉」に由来。（3月中旬、阿蘇郡南小国町の志津川で）

地獄・垂玉・湯の谷などのマグマに直接起因した高温で酸性の温泉には二〇種の藍藻と四種の緑藻の生育が知られています。温泉水が流れる場所はもちろんのこと、硫気孔付近の岩上にコロニーをなすことさえあります。一一三度もの高温で生きる微生物も知られていますが、湯の谷温泉では七五度あり、酸性で種々の鉱物質も多量に含まれていて植物にとっては極めて苛酷な生育環境のように思えます。地球創成期の原始の海と似た条件を備えていると考えられ、生物の誕生と進化を考えるうえで意義ある貴重な場ともいえそうです。

このほかにも温泉付近に生育する日本固有の淡水産紅藻のオキチモズクが外輪山東北部の阿蘇郡南小国町満願寺温泉の志津川（発生地は国指定天然記念物）の川底の石の上で生育しています。その名は最初の発見地、愛媛県温泉郡川内町の「おきち泉」に由来しており、その後、熊本県や長崎県・福岡県・鹿児島県からも見つかっています。熊本県内では志津川のほかにも熊本市の加勢川や山鹿市の菊池川、球磨郡錦町の球磨川支流などでも生育が確認されています。

第四章　動物の世界

ニホンイノシシ(仔)　2004年3月2日　端辺原野で

草原性動物の楽園

動物は、生きるために必要なエネルギー源となる有機化合物を植物のように自ら光合成によってつくり出すことができませんので、必然的に植物に直接または間接的に依存して生きることになります。動物社会は植物社会を基盤にして成立しているのです。

阿蘇の豊かで独特な植物社会を基盤に成立している動物社会も、また豊かで独特です。動物の種類だけでも昆虫類約一四〇〇種、鳥類約一七〇種、哺乳類約三〇種、両生類一七種、爬虫類一三種が知られています。これらの中には西日本では阿蘇でしか繁殖が知られていない種もけっこういて、動物地理学上から注目されています。

まず、阿蘇の植物社会の中心を成している草原に直接密着して生きている昆虫類について見てみます。次に植物や昆虫類に依存して生きている鳥類や哺乳類、さらに昆虫類をはじめ小動物を主に食べて生きている爬虫類について見てみます。最後に草原とはあまり直接的な関係はないようですが、阿蘇は九州の水瓶といわれるほど水環境にも恵まれていますので両生類や魚類についても見ていくことにします。

要するに草原生態系の理解に配慮した配列にしていますので、図鑑類などの通常の生物進化の配列順とは異なり、およそ逆の順序になっていることをあらかじめお断りしておきます。

昆虫類

日本の国蝶　オオムラサキ（雄）
（7月中旬、南阿蘇国民休暇村で）

馬糞中のセンチコガネ　（9月下旬、草千里ヶ浜で）

ダイコクコガネ（雄）（8月上旬、山東原野で）

草原のほかにも低木林やまとまった自然林などもあることから昆虫類は多く、チョウの仲間一〇九種、トンボの仲間三五種、カミキリムシの仲間九八種、コガネムシの仲間七八種、コメツキムシの仲間四三種、クワガタムシの仲間九種、ガの仲間は約一〇〇〇種もが知られています。当然のことながら草原性の昆虫類が多く、冷涼な山地気候のため九州での北方系寒地性の昆虫類の生息地として注目されています。

また、牛馬の放牧が盛んなことから、俗に糞虫と呼ばれるセンチコガネやダイコクコガネ、マグソコガネなどが多いのも阿蘇の昆虫相の特徴となっています。

花野はチョウの展示場

チョウの仲間は、九州では熊本県が最も豊富といわれ、一二八種が確認されています。そのうちの八五㌫に当たる一〇九種もが阿蘇で知られています。特にジャノメチョウの仲間は熊本県産全一四種が知られており、スミレの仲間を食草とするヒョウモンチョウの仲間も目立ちます。また、カシワやクヌギが多い林には、ギリシャ神話で西風の神ゼフィルス（zephyrus）を学名の属名に含む、青や緑の金属光沢がある〝空飛ぶ宝石〟とも呼ばれているミドリシジミの仲間も多く、熊本県産一七種中一五種が知られています。また、国蝶のオオムラサキなども稀ならず見られます。

隔離分布する北方系のチョウとガ

九州では、阿蘇から九重にかけてだけ分布していて、この地域が分布の南限になっている北方系草原性のチョウとして、ヒメシロチョウ・オオルリシジミ・ゴマシジミなどがいます。また、この地域が主産地で、ほかの地域では極めて稀なものにハヤシミドリシジミ・ホシミスジ・キマダラモドキ・クロヒカゲモドキなどがあります。これらのチョウは、阿蘇では主に海抜六〇〇〜一〇〇〇㍍の高さの範囲に生息しています。この程度の高さで似た環境は、九州にはほかに何か所もありますが、それらの地ではなぜか見られないのです。四国には九州より高い山もあり、北方系寒地性の昆虫類も九州より多く知られていますが、なぜか先のヒメシロチョウ・オオルリシジミ・ゴマシジミ、それにハヤシミドリシジミとヒメシジミの五種は確認されていないのです。同様のことはガの仲間にもみられます。キンイロエグリバは、どこでも普通に見られるコウモリカズラなどを食草にしていて北海道から関西まで分布し、四国や中国地方では見られませんが、それらの地域を飛び越えてなぜか九州の阿蘇にぽつんと分布しています。同様の分布をするガの仲間はほかにも七種が知られて、今後調査が進むと種類数はもっと増えるとみられています。阿蘇の草原の植物相（フロラ）は朝鮮半島や中国東北部の植物相と深い関係があることは先述しましたが、昆虫類の分布についても同様のことが認められています。

南限に舞うチョウ三種の複雑な生活史

チョウの幼虫は、ごく一部を除いてほとんどが植物食で、種ごとにそれぞれ食草が決まっています。成虫は花蜜を吸う代わりに花粉を運んで受粉を助けるなど植物との相互の利による共生関係にありますが、幼虫は葉や

弦書房

出版案内

2023年 春

『小さきものの近代 1 』より
絵・中村賢次

弦書房

〒810-0041 福岡市中央区大名2-2-43-301
電話 092(726)9885 FAX 092(726)9886
URL http://genshobo.com/ E-mail books@genshobo.com

◆表示価格はすべて税別です
◆送料無料(ただし、1000円未満の場合は送料 250円を申し受けます)
◆図書目録請求呈

…ル ブラジルの10年
…と死の受容、病との向き合い方、独特…者が感得した世界を活写。
2000円

…のベトナム
…年以上取材し続けた、写真家による記録集。もうひ…穂の国、箸の国は、懐かしさと驚きにあふれていた。
1800円

…タリアの街角から スローシティを歩く
陣内秀信 イタリアの建築史、都市史の研究家として活躍する著者が、都市の魅力を再発見。甦る都市の秘密に迫る。
【3刷】2100円

…の「三角港」
各1900円

…復興橋まで》
…の歴史的変遷から、日本…くる。
2000円

近刊

＊タイトルは刊行時に変わることがあります

読んだ、知った、考えた 2016〜2022 河谷史夫【4月刊】

食べて祀って《小さな村の供え物》 坂本桃子【6月刊】

河上肇と作田荘一《甦る満洲建国大学の精神》 堀雅昭【7月刊】

…ります

歴史書、画文集、句歌集、詩集、随筆集など様々な分野の本作りを行っています。ぜひお気軽にご連絡ください。

☎092-726-9885
e-mail books@genshobo.com

新刊

［新装版］江戸という幻景

渡辺京二　江戸期の日本人が残した記録・日記・紀行文から浮かび上がる、近代が滅ぼした江戸文明の幻景。『逝きし世の面影』の姉妹版。解説／三浦小太郎　1800円

明治四年　久留米藩難事件

浦辺登　明治新政府によって闇に葬られた反政府事件の全貌に迫る◆戊辰戦争後、第二維新を叫ぶ士族草莽らの拠点となった〈久留米藩〉に光をあてる。　2000円

福祉の起原

安立清史　戦争と福祉――そのはざまで、新たな「起原」は何度もやってくる。その可能性をつかみ直すために、何が必要なのか、新たな指針を示す一冊。　1950円

近現代史

◆熊本日日新聞連載「小さきものの近代」②は12月刊

…の近代 1

話題の本

生き直す　免田栄という軌跡【2刷】

高峰武　獄中34年、再審無罪釈放後38年、人として生き直した稀有な95年の生涯をたどる。釈放後の免田氏が真に求めたものは何か。冤罪事件はなぜくり返されるのか。
◆第44回熊日出版文化賞ジャーナリズム賞受賞　2000円

眼の人　野見山暁治が語る

北里晋　筑豊での少年時代、戦争体験…102歳現役で制作を続ける画家、野見山暁治が88歳までの人生を自ら語る。日本洋画史のリアルな記録。　2000円

アルメイダ神父とその時代

玉木讓　ザビエルと同時代を生き、医師、宣教師、商人等さまざまな顔を持つ男の波乱の生涯をたどる。
◆第44回熊日出版文化賞受賞　2700円

明恵《みょうえ》 《栂尾高山寺秘話》上 下

1173-1232

◆承久の乱（一二二一）後、北条泰時に影響を与えた高僧の生涯
…生きる叡智を…倉初期の高僧
各2200円

ヒメシロチョウ　ツルフジバカマに止まる
（9月上旬、波野ヶ原で）

ゴマシジミ　サイヨウシャジンに止まる
（8月中旬、端辺《はたべ》原野で）

花・新芽・蕾・果実などを食害するだけで植物にとっては百害あって一利なしの存在でしかありません。そこで植物は幼虫に食害されないように有毒物質を備えています。一方、幼虫は小さい体に多種類の解毒酵素を用意するというわけにはいきませんので、種ごとに解毒できる限られた特定の植物しか食べられません。それでチョウの分布には、気候や地理的条件のほかに食草の有無が大きく関係しています。ヒメシロチョウ（シロチョウ科）が食草のツルフジバカマ（マメ科）が分布する外輪山東南部に多いなどはその典型例でしょう。ヒメシロチョウは北海道・本州・九州に分布し、熊本県の阿蘇が分布の南限になっています。

ゴマシジミ（シジミチョウ科）の分布の条件はもっと複雑です。卵はワレモコウ（バラ科）の花穂に産み付けられ、孵化した幼虫はワレモコウの花穂を食べて成長しますが四齢（体長約四ミリメートル）になると地上に下り、背面の蜜腺からの分泌物に引き寄せられてやって来るシワクシケアリにくわえられてその巣内に運び込まれると、なんとそのアリの幼虫や蛹を食べて越冬し、翌年の夏に蛹化、羽化するまでアリの巣内で成長するのです。このようにゴマシジミが生息するには食草のワレモコウの存在はもちろんのこと、さらにシワクシケアリの生息も必要で、食草のワレモコウがあればどこでも見られるというわけではないのです。ゴマシジミも北海道・本州・九州に分布し、熊本県の阿蘇が分布の南限になっています。

オオルリシジミ（シジミチョウ科）はクララ（マメ科）を食草として、地上の落ち葉の下で蛹の状態で越冬しますが、羽化するまでにはクロオオアリの存在が必要のようで分布は極めて局地的です。本州と九州に分布し、熊本県の阿蘇が分布の南限になっていて、熊本県の特定希少野生動物に指定されています。ゴマシジミやオオルリシジミは、ファーブルが『昆虫記』に書いているように「進化の迷路に入ってしまい極めて特殊な環境でしか生息できないようになってしまっている」ようです。阿蘇の草原生態系は、そのような複雑な生活史を有するチョウをも育む規模の大きさと奥行きの深さを秘めているということでしょう。

鳥類

鳥類では、日本の草原生態系の最高位に位置するイヌワシと森林生態系の最高位に位置するクマタカの両雄が生息し、広大なカルデラ底（火口原）には冬季にマナヅルをはじめナベヅルやコハクチョウなどの大型水鳥が飛来することもあります。世界的規模のカルデラを有する阿蘇の雄大な自然にはやはり大型鳥が似合うようです。大型鳥が見られるくらいですからそれより小さい鳥たちもたくさんいます。これまでに一八目四七科約一七〇種が確認されていて、これは日本産鳥類（外来種も含む、一九目七七科五六八種、日本鳥学会編『日本鳥類目録〈改訂第六版〉』による）全体の約三分の一に相当します。ただ日本産鳥類のほぼ半分は水鳥ですので、陸鳥では約四四㌫を占めていることになります。

草原のほかに部分的にまとまった森林もあり、外輪山外側斜面の菊池川源流域にある深葉国有林には熊本県で最初に「野鳥の森」も設けられています。また、低木林や生長したスギやヒノキの人工林、農耕地、市街地などもあり、湧水池や川もあります。地形も不毛の急峻な岩場や深く刻まれた深い涸《か》れ谷、それとは対照的にうっそうと茂った森林に覆われた水量豊かな渓谷があるなど自然環境は変化に富んでいます。

また、それに加えて九州のほぼ中心部に位置することから、日本列島沿いに南下北上する渡りのコースに加えて朝鮮半島を経由して南下北上する渡りのコースとも関係していて、渡り鳥なども多く見られます。冬季、カルデラ底（火口原）に大群で飛来するミヤマガラスやそれに交じるコクマルガラス、さらにときにやって来るマナヅルやナベヅルなどは朝鮮半島経由で飛来し、迷鳥のアネハヅルやカタシロワシ、オオノスリなどもこのコースで飛来したと考えられます。朝鮮半島とは地理的に近いばかりでなく、氷河期の最寒冷期には陸続きになったこともあることから関係が深く、阿蘇の鳥類相を特徴づける大きな要因になっています。極東固有の希少な遺存種であるコジュリン（ホオジロ科）が阿蘇の草原で繁殖していることなどもその一例でしょう。

冷涼な山地気候から、本州中部以北の鳥類相と似ていて、繁殖する鳥に分布上から注目されるものが数種います。先述のコジュリンもその一つで、繁殖が知られているのは西日本では阿蘇の草原からだけです。

コヨシキリ（ウグイス科）の繁殖も西日本で知られているのは阿蘇から九重にかけての草原からだけです。近縁のオオヨシキリ（ウグイス科）は通常河口部のアシ原で繁殖して棲み分けが認められますが、阿蘇では外輪山の湿地周辺の草原でも繁殖していて、コヨシキリとオオヨシキリがほぼ同所的に鳴いているという珍しい光景も見られます。

オオジシギ（シギ科）の繁殖も九州では北外輪山の端辺原野で初めて確認されました。また、根子岳山麓の草原ではカッコウ（カッコウ科）のセッカ（ウグイス科）への珍しい托卵例なども知られています。

一方、森林でもツミ（タカ科）の繁殖が外輪山西北外側斜面の「野鳥の森」（深葉国有林）で九州で初めて確認されたほか、北外輪山の森林では従来九州では冬鳥とみられていたオオタカ（タカ科）の繁殖も確認されています。また、カルデラ内壁の断崖ではハヤブサ（ハヤブサ科）が繁殖し、ノスリ（タカ科）の繁殖も外輪山東部の断崖で九州で初めて確認されました。さらに外輪山のダム湖畔ではミサゴ（タカ科）の繁殖も知られています。このように生態系の上位に位置するタカの仲間が多種繁殖しているということはそれだけ鳥類相が豊かであるということであり、ひいては自然も豊かであることの証しにもなっています。

草原に羽ばたく四季の鳥

二月、立春とはいえ、五岳の山頂部はまだ白い雪に覆われていて阿蘇は厳寒のさ中にあります。そのようななかでも天気の良い日などは高まる太陽高度と長くなる日照時間にいち早く春を感じたホオジロが冬枯れの野にポツンと立つ低木の頂で天に向かって鳴き、上空ではノスリの雄壮なディスプレイフライトも見られるようになり、下旬になると天空からヒバリの元気よい鳴き声が降り注ぎます。

三月になると、ノスリのペア行動も目立ち、中旬にはツバメやアマツバメも里帰りします。しかし、野焼きが始まると草原の様子は一変します。すみかを焼き払われる野鳥たちは慌てふためきます。北国から冬越しにやって来ていたカシラダカやミヤマホオジロ・タヒバリ・ツグミなどの小鳥たちや、それらを追ってやって来ていたチョウゲンボウやハイタカ、それにコミミズクなどの猛禽類も追い立てられて早めの帰郷を余儀なくされます。黒焦げの草原跡にしがみついて居残るのは、ほかに行き場がない阿蘇の草原を故郷として生まれ育った土着のホオジロやモズ・ヒバリ・ハシボソガラス・ハシブトガラス、それにノスリなどわずかな種類の鳥たちだけです。

四月、南郷谷の「一心行の山桜」が満開になる頃には北外輪山の野焼き跡の黒焦げの地に黄色いキスミレや青色のハルリンドウが色鮮やかに咲き、まだ草丈が伸びていないのにオオジシギがいち早くオーストラリアあたりからはるばる里帰りして、下旬になると夕方から早朝にかけて羽音もすさまじく派手なディスプレイフライトを展開します。また、放牧地では赤牛《あか》にアマサギがつきまとうほほえましい光景も見られるようになります。

五月の連休も明け、立夏を迎える頃になると、北外輪山上の端辺原野ではホオジロの仲間たちで賑やかになり

郵　便　は　が　き

料金受取人払郵便

福岡中央局
承　認

59

差出有効期間
2024年6月
30日まで

(切手不要)

８１０-８７９０

156

福岡市中央区大名
二－二－四三
ＥＬＫ大名ビル三〇一

弦書房

読者サービス係　行

通信欄

年　　月　　日

このはがきを、小社への通信あるいは小社刊行物の注文にご利用下さい。より早くより確実に入手できます。

お名前

（　　歳）

ご住所

〒

電話　　ご職業

お求めになった本のタイトル

ご希望のテーマ・企画

●購入申込書

※直接ご注文（直送）の場合、現品到着後、お振込みください。
送料無料（ただし、1,000円未満の場合は送料250円を申し受けます）

書名	冊
書名	冊
書名	冊

※ご注文は下記へＦＡＸ、電話、メールでも承っています。

弦書房
〒810-0041　福岡市中央区大名2-2-43-301
電話 092(726)9885　FAX 092(726)9886
URL http://genshobo.com/　E-mail books@genshobo.com

カシワの頂で鳴くヒバリ（熊本県の県鳥）
（2001 年 6 月 16 日、端辺原野で）

野焼き跡にたたずむノスリ
（2003 年 4 月 13 日、端辺原野で）

ミヤマキリシマの枯れ枝で鳴くホオアカ（雄）
（2001 年 5 月 28 日、中岳で）

春を告げて鳴くウグイス（春告鳥）
（2001 年 5 月 28 日、中岳で）

抱卵するモズ（雌）（2003 年 6 月 15 日、端辺原野で）

抱卵するホオジロ（雌）（2001 年 6 月 2 日、中岳で）

縄張り（テリトリー）を宣言して鳴くカッコウ（雄）
（2001 年 5 月 28 日、端辺原野で）

縄張り（テリトリー）を宣言して鳴くオオヨシキリ（雄）
（2005 年 6 月 6 日、端辺原野で）

木の枝に止まる亜種アカヤマドリ（雄）
（1984年5月27日、根子岳東麓で）

周囲を警戒するキジ（雄）
（1987年6月28日、端辺原野で）

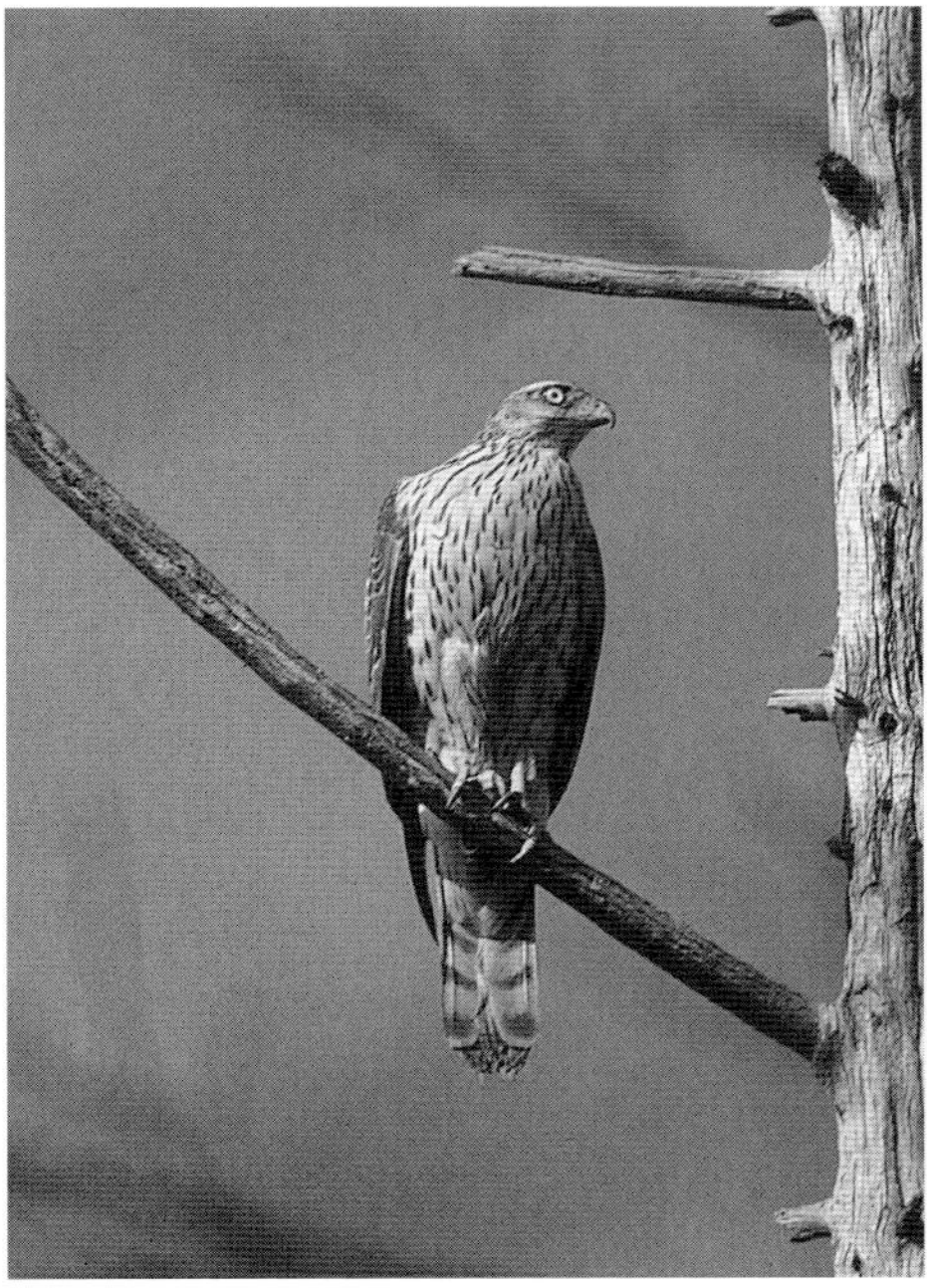

何かに緊張するオオタカ（幼鳥）（2004年1月18日）

帆翔するクマタカ　（2009年5月31日）

枯れ枝先で憩うチョウゲンボウ（雌）
（2001 年 3 月 11 日、端辺原野で）

断崖で憩うハヤブサ（雌）（2008 年 4 月 8 日）

カシワの枯れ枝で憩うハイイロチュウヒ（雄）
（1996 年 12 月 28 日、端辺原野で）

ホバリングして獲物を探すケアシノスリ
（2002 年 2 月 1 日、端辺原野で）

ベニマシコ（雄）（2001年2月11日、端辺原野で）

ノビタキ　（1984年11月3日、波野ヶ原で）

タヒバリ　（1988年2月7日、阿蘇谷で）

ハギマシコ　（2003年1月31日、草千里ヶ浜で）

ミヤマガラスの群れ　(1989年2月22日、阿蘇谷で)

雪が降った翌朝の亜種キュウシュウフクロウ
(1990年1月5日、端辺原野で)

昼間もよく飛ぶコミミズク　(1974年1月15日)

ます。平地で冬越ししていたホオアカもさきを競うように上って来ると少しでも育雛に有利な場所をめぐって争奪戦を展開します。ときには熱中し過ぎて北外輪山上を通るミルクロードなどでは自動車に衝突して落鳥するなどのいたましい事故が発生したりもします。場所によってはコジュリンも帰って来ます。阿蘇で繁殖するホオジロ科の鳥は、ホオジロ・ホオアカ・コジュリンの三種で、標高による大まかな棲み分けが認められます。つまり繁殖地はホオジロが最も低くて、コジュリンが最も高く、ホオアカがその中間というわけです。ただ一般的な傾向でして、三種がほぼ同所的に繁殖していることもあります。これら三種の巣はいずれも椀形で、枯れたイネ科植物の葉や茎、細根などで造られており、営巣場所はホオジロが低木やススキの株の間、コジュリンがススキの株の間、ホオアカがススキの根元といったように少しずつ異なっています。

ホオジロ科の鳥のほかにもセッカの鳴き声にも力強さが増し、低木林に隣接した草原ではウグイスの鳴き声も目立ちます。また、これらの小鳥類の繁殖に間に合うようにカッコウやホトトギスも里帰りし、中旬にはアカモズやオオヨシキリ、下旬にはヨタカも里帰りして草原は昼夜を問わず野鳥たちの鳴き声で満ち溢れます。

六月になるとコヨシキリも里帰りして夏鳥たちも勢ぞろいです。早く繁殖に取りかかったモズやホオジロ・ホオアカ・コジュリンなどの雛が孵って親鳥の忙しそうに餌運びする光景が見られ、中旬にはオオジシギの雛が牧草刈り中に見つかったなどという話も聞かれるようになります。

八月も中旬にはベビーラッシュも終了して、それまで目立っていたカッコウやホトトギス・オオヨシキリやコヨシキリなどの鳴き声もほとんど聞かれなくなります。阿蘇の夏は名ばかりで、下旬には日平均気温も二〇度を下るようになり、ススキの穂も出て、草原はすっかり秋の気配です。繁殖を途中で失敗してやり直したらしいものを除くと鳥たちの姿はめっきり少なくなります。

九月になり、干し草刈りが始まると猛禽類が目立ちます。草を刈られて隠れ場を失って慌てふためく小鳥や野ネズミなどをねらってノスリが飛び、それまでカルデラ内にいたトビやハヤブサなども外輪山上へ上って来ます。

かつてはイヌワシなども見られたものですが、近年は目撃談が聞かれなくなり心配です。

十月になると、チョウゲンボウやハイタカ・コミミズクなども飛来し、チゴハヤブサも通過して行きます。十一月になると、冬鳥もだいたい出そろい、カシラダカやアオジ・ミヤマホオジロ・タヒバリのほかベニマシコも稀ではなく、年によってはハギマシコなども見られます。猛禽類もハイイロチュウヒやチュウヒ・コチョウゲンボウなども加わり、年によってはケアシノスリなども飛来します。阿蘇の冬は長く厳しくて、かつて迷行したカタシロワシやオオノスリが落鳥したこともあります。

繁殖確認記

野鳥が生き続けるため、つまり子孫を残していくには食物と営巣場所の確保が必要です。そのために優れた飛翔力で長距離を移動（渡り）するものも多くいます。それで野鳥たちにとってはこの地球上に無駄な場所などないようです。

同じ場所で見られる野鳥でも、それぞれの生態の違いによってその土地の意味合いは異なっています。ある野鳥にとっては生まれて死ぬまで一生を過ごす食物と営巣場所が備わったかけがえのない生活の場所であり、ある野鳥にとっては子育てだけの場所であったり、厳しい冬季だけを過ごす越冬地として利用しているだけかもしれません。また、別の野鳥には移動（渡り）の途中に単に一時的に小休止するだけの場所にすぎないかもしれません。

阿蘇では一九七〇年代になると、それまで未知だった野鳥の繁殖が相次いで確認されました。阿蘇を生まれ故郷とする野鳥たちの仲間入りです。それらの中には分布上から注目されるものもあります。そのいくつかについて繁殖確認に至る経緯をみてみましょう。但し、タカ類については別途、後述することにします。

《コジュリン（ホオジロ科）》

コジュリン（雄）（1971年8月7日）

巣に帰って来たコジュリン（雌）（1971年8月7日）

コジュリンの巣卵　1973年7月8日　（写真は3枚とも箱石峠付近で）

極東固有の希少な遺存種で、日本産と大陸産は別亜種とされていますが、その分布や生態については未知なことが多くあります。文久三年（一八六三）にイギリスの軍人で動物学者のブラキストンが北海道の函館で入手した標本によって明治七年（一八七四）に新種として記載されました。学名の種小名がエゾエンシス（yessoensis）となっているのはそのためですが、その後はなぜか北海道での生息に関する明確な情報は得られていません。

それからだいぶ後の明治四十年（一九〇七）に富士山麓で繁殖が初めて確認されました。その後、繁殖地は、北は青森県から宮城県・秋田県・茨城県・群馬県・千葉県・新潟県・富山県・山梨県・長野県・静岡県と主に本州中部以北で確認されてきましたが、昭和四十六年（一九七一）八月一日に阿蘇五岳の東端に位置する根子岳（一四三三メートル）北東側の裾野が外輪山と接する箱石峠（約九〇〇メートル）付近の草原で四卵が入った巣が発見され、日本での繁殖地の南限が一気に七〇〇キロメートル近くも南下しました。

巣は、周囲よりひときわ高い、人の背丈ほどにこんもり茂ったススキの地上約三五センチメートルの株間に造られていて、椀形で、内径六センチメートル（外径一一センチメートル）、深さ五センチメートル（高さ一三センチメートル）ほどの大きさで、内側の産座にはイネ科植物の枯れた柔らかい茎が敷かれ、外側はススキやチガヤの枯れ葉で造られていました。このあたりで繁殖している同じホオジロ科のホオアカの巣とは同じ巣材でも使い方が内と外で逆になっているのが興味深く思えました。卵は、白っぽい地に黒や赤みのある小斑や線状斑が鈍端《どんたん》付近（丸みのある部分）に集中していました。

雌雄とも本州産よりやや小ぶりのようで、特に雌の頭部は本州産より黒っぽくて、なかには雄とあまり違わないほど黒っぽいのがいる反面、雄には不明瞭な眉斑のようなものが認められる個体もいます。また、雄の囀りも高く短めで、ピィチクピィチクツイツイとかピィチクピィチクツイと早口で二秒くらい鳴いては七秒くらい休み、また鳴くといったことを繰り返し、本州産の囀りとはかなり異なっていて亜種を異にしているかもしれません。

阿蘇ではその後、北外輪山上でも見つかっていますが、繁殖地は局地的で、しかも流動的のようです。繁殖地の条件としては植生の多様性が必要のようで、植物群落遷移のある特定段階に一時的に出現しているようです。

阿蘇では生息密度が低いためか行動圏が広いようです。繁殖地の草原では四月から八月にかけて見られますが、それ以外の期間はどこでどう過ごしているかは分かっていません。利根川流域では留鳥というが、寒冷地で繁殖するものは夏鳥のようで、熊本県内では冬季に有明海に注ぐ白川河口のアシ原での目撃例がありますが阿蘇の草原で繁殖するものとの関係は不明です。

《カッコウがセッカに托卵》

カッコウ（カッコウ科）の九州での繁殖については一九七〇年代初めまでは雛が保護されたことはあっても、どんな鳥に托卵しているかについては分かっていませんでした。

カッコウの雛（左）を育てるセッカ（右）
（1972年8月3日、箱石峠近くで）

昭和四十七年（一九七二）七月三十日、先述のコジュリンの巣卵が発見された場所より少し低い採草地で、セッカの異常とも思える餌運びの頻繁さに気づき、不審に思って巣を探し出すと、なんと巣にはカッコウの大きい雛が入っていました。キジバトほどもあるカッコウの大きい雛をスズメより小さいセッカが育てているのですからどうりで餌運びが大変だったわけで納得しました。

カッコウが托卵する相手の鳥は、モズやオオヨシキリ・ホオジロのほか、アオジ・キセキレイ・オナガなどおよそ二〇種が知られていますが、セッカへの托卵は前代未聞で二重の貴重な発見となりました。

《コヨシキリ（ウグイス科）》

ウグイス科ヨシキリ属のコヨシキリとオオヨシキリは、どちらも日本へは夏鳥として渡来します。コヨシキリは主に本州中部以北から北海道にかけての山地の草原で繁殖し、一方オオヨシキリは九州以北の本州・四国・

巣から出るコヨシキリ　(1972年8月3日、箱石峠近くで)

北海道にかけてのほぼ全国の、主に河口など平地のアシ原で繁殖するなど、おおまかな棲み分けが認められます。

コヨシキリの阿蘇での繁殖が確認されたのは昭和四十七年（一九七二）で、外輪山東部の阿蘇市波野の草原で七月十五日に巣材運びが見られて翌十六日に巣が発見され、三十日には卵三個が確認されました。また、八月六日には別に四羽の雛が入った巣も見つかり、八月八日には巣立った幼鳥への給餌も見られました。

その後、九重高原でも繁殖が確認され、阿蘇から九重にかけての草原は、九州はもとより西日本で知られている唯一の繁殖地で、日本でのコヨシキリ繁殖の南限になっています。また、外輪山上の湿地ではオオヨシキリも繁殖していて、コヨシキリとオオヨシキリがほぼ同所的にみられるという珍しい光景も見られます。

《オオジシギ（シギ科）》

日本のほかではサハリン南部と南千島くらいでしか繁殖が知られていない準日本固有種ともいえるシギで、日本へは夏鳥としてオーストラリア東部やタスマニア島あたりから主に本州中部以北から北海道にかけて渡来し繁殖します。本州中部では主に山地の草原で、本州北部や北海道では平地の草原で繁殖しています。

阿蘇では古くから「はるしぎ」とか「かえりしぎ」などとも呼ばれて存在に知られていましたが、昭和六十年（一九八五）六月四日に北外輪山上の阿蘇牧場で孵化後一週間めくらいの雛一羽が保護されました。また、十八日にも同じ北外輪山の尾ノ岳（約一〇四一㍍）中腹の牧野脇の道端で霧雨に濡れて衰弱していた孵化後間もない雛二羽が熊本県草地畜産高等研修所の職員によって保護されて繁殖していることが分かりました。

阿蘇では北外輪山のほかにも外輪山の東部や西部でも広く見られます。本州中部以南での繁殖は、広島県や四国の愛媛県、それに九州の熊本県と大分県で知られているだけです。阿蘇から九重にかけての草原はオオジシシギの繁殖地の南限になっています。

牧柵に止まるオオジシギ
(1985年6月9日、端辺原野で)

四月に渡来し、早朝や夕方のうす暗い中でガッガッガッ、ジープジープジープとかズビーャク、ズビーャクなどと騒々しく鳴きながら空高く飛び回り、急降下するときには尾羽で空気を切ってザザザザ…という音を立てるなど派手なディスプレイフライトを何度も繰り返します。九重山麓の飯田高原では、オオジシシギは牛に水を与えるのを怠って死なせたことをとがめられて自殺した朝日長者の下男の忠衛門の生まれ変わりとされていて、チュヨミ、チュヨミと鳴き、下るときにはジャーという水の音を立てるのだと言い伝えられています。

《その他の注目すべき繁殖》

草原性では、ホオアカ（ホオジロ科）は従来九州では冬鳥とみられていましたが、昭和四十年（一九六五）に九重高原で初めて繁殖が確認され、阿蘇でも先述のコジュリンの繁殖が確認された同日（一九七一年八月一日）に道路一つ隔てた斜面の短草型の草地で、まだ眼も開いていない孵化後間もない雛四羽が入った巣が発見されました。

森林性では、トラツグミ（ツグミ科）は従来九州では冬鳥、クロツグミ（ツグミ科）は旅鳥とみられていましたが、ともに昭和四十八年（一九七三）六月に外輪山西北外側斜面の深葉国有林（菊池渓谷）で巣が相次いで発見さ

〈上〉雛を抱くホオアカ（雌）
〈下〉ホオアカの雛　（写真はどちらも 1985 年 6 月 9 日、端辺原野で）

れ、九州ではトラツグミは漂鳥、クロツグミは夏鳥であることが分かりました。なお、トラツグミの九州での繁殖については、これ以前の昭和四十三年（一九六八）に大分県玖珠郡玖珠町の農家近くのノリウツギの茂みに営巣しているのを田坂征治氏が見つけて写真撮影もされているそうです。

　アオバト（ハト科）は果実食で、海水を飲むことで注目されており、屋久島以北から北海道までほぼ全国的に分布しています。ことに本州以南では留鳥ないし漂鳥で普通に見られますが、繁殖については昭和二十七年（一九五二）に北海道で巣が偶然発見されるまでは全く知られていませんでした。意外に思われるかもしれませんが、日本の野鳥では繁殖がなかなか確認できないものの一種だったのです。

　阿蘇では昭和五十三年（一九七八）五月二十八日に外輪山西北外側斜面の深葉国有林（菊池渓谷）で抱卵中らしい巣に就《つ》いた雄が偶然発見されました。巣は枯れた小枝を少し集めただけの粗雑なもので、海抜約七〇〇㍍の渓谷左岸の地上約一〇㍍のヤマフジの茂みにありました。一度要領を得るとあとは簡単で、二個めの巣も約七〇〇㍍

トラツグミの育雛 (1977年6月5日、菊池渓谷で)

巣に帰って来たクロツグミ(雄) (1973年7月8日、根子岳東麓で)

巣に就くアオバト(雄)の珍しい写真 (1978年5月28日、菊池渓谷で)

下流域ですぐ見つかり、同様に雄が巣に就いていました。

太古のスズメの巣

スズメの巣というと、すぐ屋根の軒先瓦が重なり合う部分にできる三角形のすき間「雀口」が思い浮かびます。スズメの巣は屋根瓦の下をはじめ、ほとんどが人工建造物のすき間に造られていますが、これらの建造物が造られる以前にはどんなところに巣を造っていたのでしょうか。その疑問に答えるようなスズメの巣を久しぶりに阿蘇火山博物館を訪れた際に偶然目にしました。まだ山上広場一画の二階にあった当時から鳥類関係の展示に携わってきた思い出多い博物館で、現在は草千里ヶ浜火山の直径約一キロメートルもある大きくて浅い火口跡の北側内壁下にあります。一帯には食堂や土産品店なども隣接して建ち並んでいて広い駐車場もあり、その南側には阿蘇登山自動車道を隔てて草千里の広いシバ草原があり、牛馬がのんびり草を食べたり休んだりしています。まさに阿蘇ならではの絶景で観光スポットにもなっています。

岩のすき間に営巣するスズメ
（2006 年 4 月 28 日、阿蘇火山博物館で）

博物館の玄関に向かうと、左側の外壁には草千里ヶ浜火山がおよそ三万年前に噴出した、一見、阿蘇溶結凝灰岩（阿蘇の灰石）に似た赤褐色の地に黒い縞模様がある溶結火砕岩のブロックが張り付けられていて、そのすき間にスズメが一羽突然飛び込んでいきました。呆気にとられていると、すぐまた駐車場のかなたからもう一羽が嘴に枯れ草をくわえて飛んで来て、同じすき間に入っていきました。巣造りしていたのです。

博物館の建物は人工物でも、外壁の溶結火砕岩は天然物そのものであり、自然の状態でも同様のすき間はきっとあるはずです。私は、ふとスズメの故郷アフリカのサバンナでの太古の巣を想像して重ねて見ていました。時に平成十八年四月三日（月）のことです。

ワシ・タカ逸聞

《イヌワシが牧夫を襲う》

放牧中の牛を見回っていた牧夫にイヌワシが突然襲いかかりました。まさに青天の霹靂《へきれき》で牧夫の驚きはきっと想像に余りあるものだったことでしょう。しかし、それがイヌワシであることが分かると、牧夫は持っていた棒で一撃、ひるんだところを着ていた雨ガッパを脱いで被せ、とり押えました。昭和四十三年（一九六八）七月三十日、南郷谷東部にある清栄山（一〇〇六㍍）山麓の放牧場で実際に起きた前代未聞の珍事件です。

しかし、本当に驚いたのはイヌワシの方だったかもしれません。七月末というと草丈は伸びきっていて、草原の茂みにいる人の頭は上空からではノウサギくらいの大きさにしか見えないでしょうからきっと格好の獲物と思って襲いかかったのでしょう。ところが、その下には予想もしなかった大きな根っ子部分があって、逆に己が捕らえられてしまったのですから想定外もいいところでしょう。だいたいこのようなドジを踏むのは生活経験が未熟な若いものです。生け捕られたイヌワシの若鳥は自ら狩りをして生きていけるか疑問で、熊本県からの依頼で熊本市動物園（現在の熊本市動植物園の前身）で保護飼育されることになり、十年後の昭和五十四年（一九七九）に落鳥しました。

清栄山の北方で南郷谷の対岸にある根子岳（一四三三㍍）にワシがすんでいるという話はだいぶ以前からありましたが、本当だったようです。地元の鳥獣について詳しい猟師の話によると、昭和三十年（一九五五）代前半までは阿蘇郡高森町の根子岳と清栄山の周辺に一番《つが》いずついたそうで、清栄山周辺のは昭和四十五年（一九七〇）頃から一羽になってしまったそうです。その残っていた一羽とみられるイヌワシも私の鳥日記の記録では、昭和六十三年（一九八八）五月二十九日九時に帆翔しているのを見て以後は見られておらず、翼がだいぶいたんでいたのが印象に残っています。その直前の五月二十四日には地元阿蘇郡高森町の住民と熊本自然を守る会による「高森イヌワシ調査隊」も結成されましたが、生存に関係する明るい情報は得られていないようです。

一方、根子岳周辺のイヌワシについては、私は昭和四十九年（一九七四）十一月三日に二羽見かけ、そのうちの一羽は撮影にも成功しました。その時のことはまた次に述べますが、昭和五十二年（一九七七）十一月までは二羽とも見かけましたが、その後いつの間にか二羽とも見られなくなってしまいました。

その後は平成三年に外輪山東北部の阿蘇郡産山村で一羽目撃されたようですが、地形や距離からしてどうやら九重連山東部を中心にすんでいるものの可能性が強いようです。平成四年一月の日本野鳥の会熊本県支部と日本イヌワシ研究会の合同調査でも生存の証しは得られず、阿蘇のイヌワシは既に絶滅したのかもしれません。

イヌワシが人を襲うなど困った事件も阿蘇の雄大で豊かな自然なればこそで、今となっては懐かしくさえ思えます。

《イヌワシを撮る》

その日、私は、日頃イヌワシがよく見られるという南郷谷を一望できる高岳南側中腹の海抜約八〇〇㍍地点で独り寒さに耐えながら愛車の中でじっと夜が明けるのを待っていました。イヌワシは昭和四十年（一九六五）に国の天然記念物に指定されましたが、日本の自然は急速に損なわれているとの危機感から、文化庁は天然記念物の緊急調査を実施しました。私が待機していたのは、熊本県を通してのアンケート調査や地元の人からの聞き取り調査でイヌワシを見るには最適と見込んだ場所です。

天気予報では晴れとのことでしたが、日の出時刻はもうとっくに過ぎているのにいっこうに明るくなりません。なんと中岳の噴煙が太陽を隠していたのです。その年の七月下旬から活発になった中岳の噴火で噴出された火山灰の量は一五〇〇万㌧を超えるといわれ、農林業にも大きな被害が出ていることはテレビや新聞の報道で知っていましたが、実際には想像していた以上の量です。草木は全面が火山灰で枝もたわわに厚く覆われて緑色は全く

雄飛するイヌワシ（若鳥）（1974 年 11 月 3 日、南郷谷東部で）

見えず、灰色一色のまるで死の世界です。降灰はまだ続いていて、気がつくといつの間にか車のフロントガラスにも赤茶けた火山灰が降り積って前方が見えなくなっていました。八時過ぎになってようやく噴煙の切れ目から陽光がうっすらと射し始め、青空もしだいに広がりだしてホッとしました。

九時四五分でした。突然キョッキョッキョッと刻むような感じの初めて耳にする力強い鳴き声が聞こえてきました。声がした方向に目をやると、なんと前方の尾根を越えてこれまで見たことのない大きな鳥がいっぱい開いてまるでグライダーのように羽ばたきひとつせずに私がいるほうに向かって飛んで来ているではありませんか。すぐイヌワシだと直感しました。

証拠の写真を撮っておかなくてはとカメラを持って急いで車外に出ると、もう頭上にさしかかっていました。地元の人が話していたように翼の裏に大きな白い三日月斑が見えたことから間違いありません。イヌワシで、若鳥のようです。私は夢中でカメラのシャッターを押し続けました。イヌワシは私の存在に気づいたのか頭上でUターンし始めました。と、その時、飛んで来たのとは反対側の根子岳の方から、また別の一羽が鳴き声に誘われるようにして飛んで来ているのに気がつきました。二羽はどんどん近づいて、ついには連れ立つようにして最初の一羽がやって来た方向に飛び去って行きました。火山灰にまみれた人気のない静かな山中で、九州ではまだ幻の鳥だったイヌワシとの念願だった初対面もかない、さらに小さいながらも九州では初めて⁉野生での姿をカメラに納めることができ、私にとっては文化の日に相応しい内容が充実した記念すべき日となりました。時に昭和四十九年（一九七四）十一月三日のことです。

〈鷲と巨石〉

阿蘇五岳の最高峰高岳（一五九二㍍）の北尾根に鋸歯状に屹立する鋭い岩峰の一つに鷲ヶ峰があります。また、それと阿蘇谷を挟んでちょうど対岸に当たる象ヶ鼻の西麓、阿蘇市山田の杉山には「阿蘇の八石」の一つに数えられている巨石「鷲ノ石」があり、集落の字名《あざ》にもなっています。

現在は阿蘇谷にイヌワシは生息していませんが、かつて生息していたことは想像に難くありません。外輪山東部にある草部吉見神社の本殿外壁にはサルを捕り押さえるイヌワシのかなりリアルな木彫などもあり、現在より多く各地で見られたようです。これらの岩峰や巨石の形状はイヌワシには似ておらず、生息に由来した命名とみられています。中岳の噴煙を背景に鋭い岩峰や巨石の上にじっと止まって周囲を圧するかのように睥睨しながら翼を休めるイヌワシの姿が目に浮かぶようで想像するだけでわくわくしてきます。

「鷲ノ石」集落の石製標識

サルを捕り押えるイヌワシの木彫像
吉見神社（阿蘇郡高森町草部）で

《珍鳥カタシロワシが急行列車に衝突死》

「阿蘇でイヌワシが急行列車に衝突して死んだのですが、どう思われますか?」

突然にマスコミからの相次ぐとうとつな前代未聞の突拍子もない内容についての電話取材に困惑し、少々とまどいました。阿蘇で雄飛するイヌワシの姿をカメラに納めてから間もない、昭和五十年（一九七五）一月末のこ

カタシロワシ（幼鳥）（1979年2月12日、鹿児島県出水市で）

とです。

なんでも一月二十八日の午後四時五七分頃、別府発熊本経由博多行きの上り急行「ひのやま四号」が、阿蘇市一の宮町坂梨の国鉄豊肥線（現・JR豊肥本線）の通称〝天狗トンネル〟を出た場所で突然大きい鳥が運転席の窓ガラスに衝突したそうです。窓ガラスにヒビが入ったそうですが、運行には支障がなかったのでそのまま運転は続行されたそうです。気になった運転手が翌二十九日に現場を訪れたところ大きなワシが死んでいたというわけで、すぐ近くには犬の轢《れき》死体もあったとか。

話の内容からして、たぶん飢えていて犬の轢死体を食べていて事故に遭ったのでしょう。トンネルを出た場所の片側は急な高い崖で、大型鳥のかなしさで小回りが利かないのでトンネルから急に出て来た列車を避けきれなかったのでしょう。それにしても鳥類の王とみなされているイヌワシにしてはちょっとおそまつな落命の仕方です。阿蘇ではかつて牧夫に襲いかかって生け捕られたドジなイヌワシもいて、実際には思っているより意外と間抜けな鳥かもしれません。

ところが翌朝の新聞の写真を見て、さらに二度ビックリです。それはイヌワシではなく、なんと熊本県内では初めての迷鳥カタシロワシ（生後三年目くらいの雌）だったのです。カタシロワシは、イヌワシに姿形や大きさがよく似ていますが、成鳥ではその名のように肩羽が白いのですぐ分かります。しかし、若いと肩羽の白さが目立ちませんので間違われてしまったようです。

カタシロワシは、モンゴル・バイカル地方・中国北部などで繁殖して冬季には中国南東部に渡るとされています。日本にも稀に迷行し、これ以前にも岩手県宮古市・兵庫県姫路市・沖縄県西表島などでの迷行記録があります。

このカタシロワシは剥製標本にされ、熊本県鳥獣保護センターに展示されています。ちなみに大きさは全長約八〇センチメートル、翼開長約一九〇センチメートル、嘴峰四・二センチメートルで、体重は四・二キログラムだったそうです。

私は、この後にも昭和五十二年（一九七七）十二月十一日に同じ坂梨のまだ若いスギの植林地の上空を低くジグザグに飛んで採餌している亜成鳥らしいのを一羽見かけ、シルエットながら写真も撮っています。

なお、余談になりますが、隣の鹿児島県出水市のツル渡来地（国指定特別天然記念物）には昭和五十三年（一九七八）十二月に若鳥二羽が飛来し、翌五十四年（一九七九）十二月にも若鳥一羽が飛来しています。九州へは、繁殖地と越冬地との位置関係から、朝鮮半島を経由して迷行しやすいのかもしれません。

《ノスリが断崖に営巣》

ノスリ（タカ科）は、かつて九州では冬鳥とみられていました。少なくとも『日本鳥類目録（改訂第五版）』（日本鳥学会、一九七四年）まではそうでした。日本産のタカ科鳥類ではトビに次ぐポピュラーな種で、阿蘇ではずっと以前から一年を通して見かけていますので繁殖もしているとみられましたが、なかなか確認できませんでした。ノスリをよく見かける場所の近くには営巣できるような大きい木や森林も見あたらないのです。

ところがひょんな経緯で、意外な場所からノスリの巣が発見されました。平成二年五月六日のことです。地元某テレビ局からイヌワシの巣らしいのが見つかったので確認してほしいとの依頼で取材班に案内された場所は、阿蘇市一の宮町の東部にある、冬季に滝水が凍結することで有名な観光名所になっている「古閑の滝」が懸かるカルデラ内壁の断崖でした。以前に何回か訪れたことがあり、こんな場所にと思いましたが、指差された、滝に向かって左手（東側）の地上から三分の二くらいの高さにある岩棚の上にある枯れ枝の塊は鳥の巣には間違いありません。かなり大きい鳥の巣のようですが、イヌワシの巣にしては残念ながら少々小さすぎます。ハシブトガラスの巣にしては厚みがなくて作りも粗雑です。すると、このあたりの鳥であと該当するのはノスリくらいで

〈上〉岩棚上の巣から飛び立つノスリ
〈下〉ノスリの雛↓（写真はどちらも1995年６月10日、阿蘇市一の宮町で）

しょう。それにしてもこれまで気づかなかったのはこんな観光名所に大きな鳥が営巣するなど想定外のことで、まさに心焉《ここ》に在らざれば視《み》れども見えずです。古巣のようで現在は使用されていないようです。

なんでも近くの断崖にも同様の巣がもう一つあって、そちらには卵が三個入っているそうなので、そちらにも案内してもらいました。我々が近づくのを察知して警戒しているのでしょう、ノスリが二羽でピッピッ…と鋭い声で鳴き始めました。先日、巣内を見るために断崖をよじ登ったそうで、もうこれ以上人間不信にならないように早々に退散することにしました。期待されたイヌワシの巣ではありませんでしたが、予想外の収穫に私は大満足でした。

ノスリが岩棚に営巣することなど聞いたことがなく、大きい木に営巣するものとばかり思い込んでいましたのでなかなか発見できなかったのです。その後、大きい木での営巣も知られましたが、カルデラ内壁には人を寄せつけないような断崖があちこちにあり、営巣に格好の岩棚も多くてよい営巣場所を見つけたものだと感心してい

九州で初めて確認されたツミ（雌）の育雛　（1974年6月2日、菊池渓谷で）

ます。

《ツミが「野鳥の森」で繁殖》

ツミは、日本産タカ科鳥類中、最小のタカで、森林性で小鳥類を主食にしています。秋には市街地などにもときおりやって来るけっして珍しいタカではありませんが、その繁殖については、一九八〇年代になって関東地方を中心に市街地の公園や校庭などでも急にみられるようになる以前には、富士山麓や四国の石槌山などわずか数か所でしか確認されていませんでした。

九州でも以前から夏季にもときどき見かけることから繁殖しているのではないかとみられていましたが、ついに昭和四十九年（一九七四）五月十二日、外輪山西北外側斜面の深葉国有林（菊池渓谷）に熊本県で最初の「野鳥の森」がオープンした記念すべき日に、海抜約七七〇メートルの針広混交林で巣が偶然発見され、その後、育雛も観察され九州でも繁殖していることが初めて確認されました。

〈隼鷹天満宮の「隼鷹」とは〉

天満宮といえば、祭神は菅原道真公で、花木はウメ、鳥はウソとだいたい決まっていますが、隼鷹（ハヤブサとタカ）とは意外で、どんな経緯からそうなっているのでしょうか。隼鷹天満宮は、阿蘇市的石《まといし》の、かつて参勤交代の際の豊後街道沿いの的石御茶屋に隣接してあります。つまり、外輪山の二重ノ峠を越えて石畳の坂道を下りて来て、休憩し昼食をとられていた場所の隣です。

なんでも細川五代肥後藩主綱利公が参勤交代で大分県鶴崎から海路で上京される折に海が荒れて船が転覆しそうになったことがあるそうです。その時どこからか一羽の白鷹が飛んで来て船柱に止まると、今まで荒れていた海がうそのように波静かになって九死に一生を得られたとか。綱利公は、目的地に無事着かれた夜の夢枕に「白鷹は的石天満宮の現化である」との神の声を聞かれてその霊験あらたかさに感じ入られ、社殿を建立させられたとのことです。

隼鷹天満宮　（阿蘇市的石字崩引）

巨大カルデラ内に鎮座する天満宮にはいかにも相応しい縁起と感じ入りますが、白鷹の正体が少々気になります。海上で普通に見かけるタカ科の鳥というとトビかミサゴです。どちらも大型で、トビは全体が褐色で、白さではミサゴです。ミサゴの背面はトビよりも濃い褐色をしていますが、腹面は白くて下方から見ると翼が細長いことからちょっとカモメの仲間と見間違いそうなくらいです。しかし、博物学が盛んだった江戸時代にミサゴの名が知られていなかったとは考えられません。ほかに日本で知られているハヤブサの仲間で白いとなると、その名もシロハヤブサがいますが、冬季の北海道以外で見かけることはほとんどありません。となると、あと考えられるのは白子《しらこ》（アルビノ）です。ひじょうに稀な現象ですが、タカ科鳥類ではトビでの目撃例が最も多く、トビの白子（アルビノ）とみるのが穏当と考えますが、いかがでしょうか。

阿蘇谷で鶴の舞

昭和四十五年（一九七〇）一月末に阿蘇谷東部の俗に〝阿蘇の千枚田〟と呼ばれている広い乾田の一画、阿蘇

積雪の高岳を背景に群れ飛ぶマナヅル（1972年2月12日、阿蘇市で）

迷って飛来したアネハヅル
（1983年7月22日、阿蘇市白木山の北山牧場で）

市一の宮町古城地区にマナヅル一家族四羽が再来して約一か月間逗留しました。雪を頂く阿蘇の山々を背景に飛ぶ光景には、数のうえでは鹿児島県の出水平野には及ばなくても、また別の趣があります。これを機に地元でツル飛来地復活の機運が高まりました。その期待に応えるかのように、その後もマナヅルが毎冬飛来して昭和四十八年（一九七三）十二月二十六日には最多の一七羽を数えました。しかし、昭和五十四年（一九七九）以降は飛来が途絶えがちになり、昭和五十九年（一九八四）十月三十日に阿蘇市成川の乾田に三羽、平成十四年二月一日に同じく成川の乾田に一四羽の飛来が確認されているくらいです。このほかにも目撃談がいくつかありますが、今ひとつはっきりしていません。

阿蘇でのツル類の飛来は主に阿蘇谷ですが、南郷谷にも平成七年十二月中旬に南阿蘇村中松の乾田にマナヅルの幼鳥一羽が迷行しています。阿蘇に飛来するのは主にマナヅルですが、ナ

赤牛にまつわりついて採餌するアマサギ　(1997年8月24日、阿蘇郡産山村で)

ベヅルも昭和五十五年（一九八〇）十月二十九日に阿蘇市成川の乾田に六羽飛来しており、最近では平成二十年十二月十三日に阿蘇市役犬原の乾田に二四羽飛来しています。また、それ以前にも昭和四十二年（一九六七）三月十八日にカルデラ入り口の南阿蘇村長陽でナベヅル一羽が落鳥していたことがあります。そのほかにもアネハヅルが昭和五十八年（一九八三）六月半ばに外輪山東部の阿蘇市白木山の北山牧場に一羽迷行して七月下旬まで逗留したことがあります。

アマサギと赤《あか》牛

アマサギは、元来アフリカのナイル川流域あたりが原産の南方系のサギで、二〇世紀前半から分布を急速かつ大規模に拡大しており約半世紀で南極大陸を除く五大陸に分布するようになりました。日本では一九五〇年頃から太平洋岸沿いに北上するように分布を広げてたちまち北海道にまで達しました。

ほかのサギ類とは多少異なり、昆虫類を主食にする草原性のサギで、阿蘇では一九七〇年代末頃から見られるようになりました。冬羽では、夏羽の頭から胸、背にかけての亜麻《あま》色（キツネ色）も消えてほとんど全身が白くなるシラサギ類の一種ですが、英名は〝牛鷺〟を意味するCattle Egretで、放牧中の赤牛にまつわり群れる光景はすっかり阿蘇の夏の風物詩となっています。

アマサギが赤牛にまつわりついているのは牛の寄生虫や移動によって追い出されるバッタやイナゴなどをねらっているのであり、効率的な採餌法なのです。ある観察では単位時間当たりの採餌率は、単独でするときの一・五倍の効率があり、歩数も三分の二で済んだという報告もあります。つまりアマサギは赤牛を勢子《せこ》代わりにして効率的な採餌をしているのです。

原産地のアフリカでは、ゾウやサイ、ヤギュウなどの大型草食動物にまつわりついているのをテレビの動物番組などでもよく目にします。日本では近年、トラクターの後について採餌しているのもよく見られます。トラクターだと虫を追い出すだけでなく、土を掘り起こしてくれるのでより効率的でしょう。急速かつ大規模な分布拡大を可能にしているのは、こういったたくましい生活の知恵によるところも大きいようです。

〈幻の介鳥湖と水鳥の楽園〉

「日没から、四〇キロメートルばかり離れた熊本平野を一気に飛翔して、水をたたえた阿蘇盆地の湿田にやって来た有明海の鴨たちは、夜の暗さの中に紛れ込んで、一晩中、あの扁平なくちばしで忙しくこぼれ籾を拾い、ドジョウやタニシをあせり続ける。十分腹をくちくさせた鴨たちは、黎明の中を、目標を西の立野火口瀬にとり、蛇行する白川の流れをパイロットにして、一気に熊本平野を渡って海に帰る…」これは、昭和三十九年（一九六四）九月に『詩と真実』に発表された、地元阿蘇市尾ヶ石狩尾出身の吉良敏雄の短編小説『鴨猟』の一節で、阿蘇カルデラ内のカモ類の生態が詳しく観察を基に書かれています。

阿蘇谷には今から六〇〇〇年前くらいまではカルデラ湖が存在して湖岸にはヨシなどの抽水《ちゅうすい》植物が茂って

いたことは先述のとおりです。その名残は近年まであったようで〝介鳥湖〟なる水鳥の楽園にはカモ類やツル類なども多く見られていたようです。

阿蘇神社の主祭神（一宮）健磐龍命《たけいわたつのみこと》はツルに乗って各地を視察されていたという言い伝えがあり、阿蘇家ではツルを古くから恩ある鳥として大切にしていて家紋（鶴丸）にもデザインされています。曲亭馬琴（本名滝沢解）の長編小説『椿説弓張月』（一八〇七年）には、弓の名人、鎮西八郎為朝が阿蘇家の大事な幼子《おさなご》を殺して近くの青龍寺の伽藍の塔に立て籠った飼いサルを退治する際に、連れていたツルが上空から砂を浴びせて目潰ししたり、嘴でつついたりして大活躍する場面があります。

当のツルたちも大切にされていることを知ってか多数飛来していたようで、阿蘇谷東部の阿蘇神社の近くには天女の羽衣伝説がある田鶴原《たづわら》の池や、岩鶴の池などもあり、山田の小倉などにも多く飛来してツルの名所になっていたとか。

また、阿蘇谷中央よりやや西北側の外輪山湾曲部の湯浦郷《ゆのうらごう》の黒川右岸にも、かつて「クグ」と呼ばれるカヤツリグサ科の抽水植物が茂る千町牟田とか千丈牟田と呼ばれる広大な沼沢地があって、ツルが群れていたそうで、別名「常鶴の池」と呼ばれていたという。

阿蘇家の家紋（鶴丸）

昼間は休んでいるマガモ　（2005年2月3日、阿蘇市永草の溜池で）

人馴れしたツルは農作物に被害を与えることもあったので、田の畦で籾殻を焼いて煙を立ててツルが近づかないようにしたり、ツルが飛来する以前に早めに稲刈りを済ませるなどの工夫をしていたともいう。野鳥との共生を実行するにはそれなりの工夫と労力が必要で、口で言うほど容易なことではないようです。

阿蘇産鳥類の環境別生息状況一覧

<table>
<tr><th colspan="2">渡り／環境</th><th colspan="2">留鳥（漂鳥も含む）</th><th>夏鳥</th></tr>
<tr><td colspan="2">火山荒原</td><td colspan="2">イヌワシ・ヒメアマツバメ・キセキレイ・イソヒヨドリ</td><td>アマツバメ・イワツバメ・ビンズイ</td></tr>
<tr><td colspan="2">ミヤマキリシマ群落・低木林</td><td colspan="2">イヌワシ・モズ・ウグイス・ホオジロ・ホオアカ</td><td>カッコウ・ホトトギス・ヨタカ・アカモズ</td></tr>
<tr><td rowspan="2">草原</td><td>短草型</td><td rowspan="2">トビ・ノスリ・イヌワシ・ハヤブサ・キジ・モズ</td><td>ヒバリ</td><td>アマサギ・オオジシギ</td></tr>
<tr><td>長草型</td><td>セッカ・ホオジロ・コジュリン・ホオアカ</td><td>カッコウ・アカモズ・コヨシキリ・オオヨシキリ</td></tr>
<tr><td rowspan="2">農耕地</td><td>畑・牧草地</td><td colspan="2" rowspan="2">トビ・ノスリ・ハヤブサ・キジ・バン・キジバト・ヒバリ・モズ・ホオジロ・ホオアカ・カワラヒワ・スズメ・ムクドリ・ハシボソガラス・ハシブトガラス</td><td rowspan="2">アマサギ・サシバ・ヒクイナ・カッコウ・ツバメ・コシアカツバメ・アカモズ</td></tr>
<tr><td>水田</td></tr>
<tr><td colspan="2">集落</td><td colspan="2">キジバト・ヒメアマツバメ・コゲラ・ヒヨドリ・モズ・イソヒヨドリ・シジュウカラ・カワラヒワ・スズメ・ムクドリ・ハシボソガラス・ハシブトガラス</td><td>アオバズク・ツバメ・コシアカツバメ・イワツバメ・コサメビタキ</td></tr>
<tr><td>水辺</td><td>渓流・河川・池・ダム</td><td colspan="2">カイツブリ・ゴイサギ・ダイサギ・コサギ・アオサギ・ミサゴ・トビ・ハヤブサ・バン・ヤマセミ・カワセミ・キセキレイ・セグロセキレイ・モズ・カワガラス・ミソサザイ・ホオジロ・コジュリン・ホオアカ・カワラヒワ</td><td>ササゴイ・ヒクイナ・ツバメ・イワツバメ・オオヨシキリ</td></tr>
<tr><td colspan="2">人工林（スギ・ヒノキ）</td><td colspan="2">（アカヤマドリ）・（キュウシュウフクロウ）・トラツグミ・（キュウシュウエナガ）・ヒガラ・シジュウカラ・カワラヒワ・イカル・カケス</td><td>サシバ・クロツグミ・サンコウチョウ</td></tr>
<tr><td colspan="2">自然林</td><td colspan="2">オオタカ・ツミ・ノスリ・クマタカ・イヌワシ・（アカヤマドリ）・キジバト・アオバト・オオコノハズク・（キュウシュウフクロウ）・（カゴシマアオゲラ）・オオアカゲラ・（キュウシュウコゲラ）・ヒヨドリ・ミソサザイ・トラツグミ・ウグイス・（キュウシュウエナガ）・コガラ・ヒガラ・ヤマガラ・シジュウカラ・メジロ・カワラヒワ・イカル・カケス・ハシブトガラス・コジュケイ・ガビチョウ・ソウシチョウ</td><td>ミゾゴイ・ハチクマ・サシバ・ジュウイチ・ツツドリ・ホトトギス・コノハズク・アオバズク・ヨタカ・アカショウビン・ブッポウソウ・ヤイロチョウ・サンショウクイ・コマドリ・クロツグミ・ヤブサメ・センダイムシクイ・キビタキ・オオルリ・コサメビタキ・サンコウチョウ</td></tr>
</table>

※（　）内は亜種名

迷鳥	渡り鳥	
	旅鳥（春・秋）	冬　　鳥
オオモズ		カシラダカ・ミヤマホオジロ・ベニマシコ
オオノスリ・カタシロワシ・オウチュウ	アカハラダカ・チゴハヤブサ チュウサギ	コチョウゲンボウ・チョウゲンボウ・ウズラ・タヒバリ・ハギマシコ
	ノゴマ・ノビタキ	ケアシノスリ・ハイイロチュヒ・コミミズク・ベニマシコ
アネハヅル	チゴハヤブサ・ムナグロ・ヤツガシラ・ノビタキ・コムクドリ	ハイタカ・コチョウゲンボウ・ウズラ・ナベヅル・マナヅル・タゲリ・タシギ・コミミズク・ハクセキレイ・タヒバリ・ジョウビタキ・ツグミ・カシラダカ・アトリ・ニュウナイスズメ・コクマルガラス・ミヤマガラス
クロトキ		
	アカハラ・コムクドリ	ハイタカ・キレンジャク・ヒレンジャク・ジョウビタキ・シロハラ・ツグミ・アオジ
オオミズナギドリ・アカアシミズナギドリ・コハクチョウ	チュウサギ・イカルチドリ・タカブシギ・イソシギ	カワウ・オシドリ・マガモ・カルガモ・トモエガモ・ヨシガモ・オカヨシガモ・ヒドリガモ・オナガガモ・ホシハジロ・カワアイサ・クイナ・クサシギ・ヤマシギ・タシギ・アオシギ・ハクセキレイ・タヒバリ
		ヤマシギ・マヒワ
	ハリオアマツバメ・コルリ・アカハラ・マミチャジナイ・メボソムシクイ・ムギマキ・サメビタキ・エゾビタキ・ノジコ・コムクドリ	ハイタカ・ヤマシギ・ビンズイ・キレンジャク・ヒレンジャク・ルリビタキ・ジョウビタキ・シロハラ・ツグミ・キクイタダキ・カシラダカ・ミヤマホオジロ・アオジ・クロジ・アトリ・マヒワ・オオマシコ・イスカ・ベニマシコ・シメ

外来鳥の鳴き声に違和感

久しぶりに訪れた外輪山西北外側斜面の菊池渓谷に設けられた「野鳥の森」はソウシチョウやガビチョウの鳴き声で満ち溢れ、まるで外国の山にでも来ているような錯覚におちいりました。日本在来の野鳥の姿は少なく、日本の自然は今後どうなっていくのだろうかと心配になりました。

　外国産の陸上生物が帰化し定着できるのは、これまでは開発などによって生態系が著しく破壊されたような場所か、あるいは埋め立てや干拓などによって新たに造成された場所などに限られ、自然度が高い場所には入り込める余地などないと考えられていました。自然度が高い場所というのは長い年月をかけて多種多様な生物の複雑な相互関係の調和の上に生態系が成立しているので新参者などが容易に入り込める余地などないと考えられていたのです。ところが、「野鳥の森」は、先述のように熊本県内では有数の自然度が高い森林に設けられており、ブナ－スズタケ群集と呼ばれる日本を代表する豊かな森林です。その自然豊かな森林に元来日本にはいないはずのチメドリ科のソウシチョウやガビチョウの鳴き声が満ち溢れているのです。これまでの常識は一体どうなってしまったのでしょうか。

《ソウシチョウ》

　中国の中部及び南部・ヒマラヤ・ミャンマーなどに原産するチメドリ科の小鳥で、鳴き声はクロツグミに似て美しく、色彩や姿形も良いことから中国では古くから飼鳥として賞玩されています。和名は、夫婦仲が良いことから中国名「想思鳥（シィャンスイ）」（思い合うの意）の日本語読みで、俗に中国鶯《うぐいす》とも呼ばれています。日本へは飼鳥として江戸中期に輸入され、明治以降には日本で繁殖させたものを逆輸出したことからJapanese《ジャパニーズ》 Night《ナイチン》-ingale《ゲール》とも呼ばれて欧米では日本原産の鳥と錯覚している人も多いとか。また、近年日本では、その糞を美顔料「鶯糠《うぐいすぬか》」の原料とする目的でも大量に飼育されているという。どうもそれらが籠抜けして野生化したようで、業者によって故意に大量に放鳥されたとの噂もあります。ハワイなどでも野生化しているそうで、日本では昭和六年（一九三一）に神戸市近郊の再度山《ふたたびさん》で野生化が確認され、昭和五十五年（一九八〇）頃から九州・近畿・関東と、それぞれ離れた地域で同時的に目立ち始めました。

　九州では、昭和四十九年（一九七四）の福岡県の英彦山《ひこさん》（一二〇〇㍍）での目撃が最も早く、その後、九州中央

〈上〉スズタケの茂みに造った巣で抱卵するソウシチョウ　1999年6月6日
〈下〉ソウシチョウの巣と卵　2005年6月14日（写真はどちらも菊池渓谷で）

山地のあちこちで目撃されるようになりました。熊本県内では昭和五十八年（一九八三）頃から県南部の球磨地方で目撃されるようになりました。

阿蘇では、平成六年に南阿蘇村久木野で目撃され、平成九年には外輪山西北外側斜面の野鳥の森で、平成十年には根子岳（一四三三㍍）でといったぐあいに森林での目撃例が増し、平成十一年五月三十日には野鳥の森で三卵が入った巣も発見されました。巣は椀形で、内径六㌢㍍（外径一〇㌢㍍）、深さ五・五㌢㍍（高さ九㌢㍍）ほどの大きさで、枯れたササの葉や草の茎、細根などで造られ、外側には緑色の鮮苔類が張り付けられていて、スズタケの水平に伸びた枝の二股部にメジロの巣のようにハンモック状に吊り下げられていました。そのすぐ近くには、まだ造りかけと思われる巣や前年の古巣と思われるものなどもあり、半ば集団的に繁殖しているようでした。

ソウシチョウが生息しているのはブナ－スズタケ群集と呼ばれる日本を代表する植生の森林帯で、主な行動圏はスズタケ群落の地上せいぜい二㍍くらいまでの茂みです。九州ではそのような森林下層部を利用している在来の鳥はウグイスくらいで、ニッチ（生態的地位）のすき間に見事に入り込んで帰化したようです。ウグイスとの競合が予想されますが、巣の設置の仕方が微妙に異なり、営巣条件の幅もソウシチョウの方がより広いようです。また、食性も昆虫類のほかに植物の種子も食べるなど広く、その内容もアオハダやミズキのような高木のものからマムシグサやナルコユリといった林床に生える下草のものまで幅広いものになっています。冬季には低地への漂行が見られ、移動中に窓ガラスに衝突するなどして落鳥したものがときどき届けられます。

《ガビチョウ》

中国の東部及び中南部、台湾などに原産するチメドリ科の小鳥で、ソウシチョウ同様鳴き声がクロツグミに似て良いことから、中国や台湾では鳴き声を楽しむために古くからたくさん飼育されていて、自慢の鳥を持ち寄っての鳴き声コンテストなども開かれているという。

ソウシチョウより一回り大きく、およそムクドリ大で、全体がオリーブ褐色で暗色の縦斑があり、目の周囲から目じりにかけて「6」の数字を横倒しにしたような白い模様と、嘴の黄色みが目立ちます。和名は、この白い眉斑からの中国名「画眉（フゥワメイ）」（眉を描くの意）を日本語読みにしたものです。ただ三亜種中、台湾産の亜種にはこの白色部はありません。

日本へは飼鳥として江戸前期に輸入されましたが、鳴き声があまりにも大きすぎたようでさほど人気は出なかったようです。一九八〇年代後半に九州の福岡市周辺や本州の東京都や神奈川県・埼玉県・群馬県・栃木県・茨城県・山梨県・長野県・静岡県・愛知県・福島県などで野生化が目立ちだしました。九州ではその後、隣接する佐賀県や大分県・熊本県へと分布が広がっています。熊本県内では平成十年八月二十二日に先述の外輪山西北外側斜面の野鳥の森で二羽見られ、そのうちの一羽は撮影されました。その後平成十二年には北外輪山外側斜面の阿蘇郡小国町でも目撃されるなど分布が広がっています。

平地から一二〇〇㍍くらいの山地にかけての森林に生息し、主に地表や低木層で行動しています。足と爪が発

大声で鳴くガビチョウ　（1998年8月27日、菊池渓谷で）

達し、翼は短くて丸みがあるなど茂みの地表での生活に都合よい体形をしていて、もっぱら地表の落ち葉をひっくり返してミミズや昆虫類などを食べています。また、木の実なども食べる雑食性で、食物が少なくなる冬季には庭の給餌台にやって来たりもするという。九州では元来森林の下層部を利用している在来の鳥は少なく、ソウシチョウ同様にその空いたニッチ（生態的地位）にうまく入り込んでいるようです。

ソウシチョウやガビチョウの聞きなれない鳴き声に違和感をおぼえても、これらの帰化鳥が在来の鳥にどのような影響を与えているかについては今のところまだはっきりしていません。しかし、営巣ではウグイス、食性面ではトラツグミやクロツグミ・ヤイロチョウなどとの競合も予想され、また、これら帰化鳥の増殖が鳥の卵や雛を捕食するカケスやヘビ類などの増殖を促して同所的に生息する在来の鳥の被害も増加するといった間接的な影響も予想されます。いずれ何らかの影響が顕在化する可能性がありますので注目していきたいと思います。

平成十七年六月には外来生物法（正式名称は、特定外来生物による生態系等に係る被害の防止に関する法律）が施行され、鳥類ではチメドリ科のソウシチョウとガビチョウ、それにカオグロガビチョウ・カオジロガビチョウの四種が特定外来生物（侵略的外来種）に指定されていて、飼養や輸入、譲渡などが法律で禁止されています。また、必要と判断されると、分布拡大を防いだり撲滅するための防除等の対策を講じることが求められることになっています。阿蘇、特に野鳥の森ではソウシチョウやガビチョウの分布拡大を防止する具体策を早急に講じる必要があるのではないでしょうか。

〈外来生物法〉

自然分布の範囲外から人為的に持ち込まれて野生化した生物を、外来種とか移入種、あるいは帰化生物などと呼んでいます。農林水産業上の目的から意図的に持ち込んで放たれる場合と、そうではなくて管理不十分による逸出や、飛行機や船舶などに紛れ込んで偶然運び込まれたりする場合などがあります。

いずれにせよ本来その地域や生態系に存在しなかった生物が野生化した場合には在来種になんらかの影響を及ぼすと考えられ、その影響が大きく顕在化している、あるいはその恐れが強い場合は特に侵略的外来種とか侵入種などと呼ばれています。鳥類では西表島周辺のインドクジャクなどがその典型的な例で、駆除されています。また、沖縄では、ハブ退治の目的で移入されたジャワマングースや、野生化したノネコによるヤンバルクイナやアカヒゲ、トゲネズミといった希少野生鳥獣の捕食が深刻化し、平成十二年からジャワマングースとノネコが駆除されています。

ハワイでは、外来の鳥類と共に鳥マラリアが持ち込まれて在来の鳥への感染が広まり、深刻な事態になっているとか。在来の鳥は新来の病原体に対する抵抗力が弱いので死亡率も高くなるのです。鳥マラリアのほかにも鳥の天然痘やオウム病なども在来種に感染している可能性があるという。

オウム病やクラミディア菌はペットを通してヒトにも感染しますし、ドバトは糞害だけでなく、ヒトの脳炎病原体のキャリアでもあるといわれ、人体への影響も心配です。

さらに、外来種と在来の近縁種との交雑により、遺伝子が撹乱される心配もあります。日本の国鳥キジは、地域によっては狩猟用にと大正末頃から人工的に繁殖させて放鳥された近縁の朝鮮半島原産のコウライキジとの交雑が認められています。また、キジの四亜種の配慮に不十分な放鳥によって、多くの地域で在来の純粋な亜種は根絶の危機にあるのではないかと心配されています。

同様のことは植物でも生じています。阿蘇だけに分布しているハナシノブ（ハナシノブ科）は、環境省のレッドリスト（二〇〇七年）ではごく近い将来に絶滅の危険性が極めて高い絶滅危惧ＩＡ類（ＣＲ）にランクされ、特定国内希少野生植物にも指定されていて、種の保存法により保護区も環境省が二か所、地元の熊本県が二か所の合計四か所設けるなどして保護増殖が図られていますが、どういう誤解による行き違いからか、だれかによって自生地にヨーロッパ原産の近縁種セイヨウハナシノブが移植されて交雑が進行していることがＤＮＡ検査で分かったのです。ハナシノブとセイヨウハナシノブ、それに両者の雑種は外見上の区別はつかないので事は厄介で、保護区によっては交雑が進行して取り返しがつかない状態になっていて事は深刻です。保護増殖はあくまでその地在来のものを対象にしてはじめて意義があるのです。このような外来種との交雑による遺伝子の攪乱は、生物多様性保全上からは、ある種が絶滅して物理的に消滅するのと同等の脅威であるとの認識が必要です。

このように外来種には、在来種との競合のほかにも、捕食あるいは被食の関係、病原体の伝播、近縁の亜種や種との交雑による遺伝的多様性の消失などといった、在来の生態系を攪乱する恐れがあることを認識しなければなりません。

社会のグローバル化が進展するなかで、交通機関の発達と人間活動の活発化により、外来種による生態系の攪乱は、世界の各地で飛躍的に増加しているといわれています。国際自然保護連合（IUCN）は、野生生物の生存を脅かす主要因は、生育・生息環境の破壊と外来種（侵入種）の問題であるとの認識のもとに、外来種に関するガイドラインを出しています。それには「侵略的外来種の影響は非常に大きく、潜行性があり、たいてい取り消しは不可能である。この影響は、生育・生息地の減少や劣化と同様に地球的規模で在来種や生態系に損害を与えているかもしれない」と述べています。ここ数百年くらいの人間活動による自然環境の改変と生物移入は、自然界での生物の営みに比べてあまりにも急速かつ大規模で、長時間をかけてゆっくり培われてきた独自の生態系が知らない間に異なったものになりつつあります。外来種の影響は、長い目でみた場合、生物の多様性保全の最大の脅威になると認識する必要があります。

平成十七年六月から外来生物法（正式名称は「特定外来生物による生態系等に係る被害の防止に関する法律」）が施行され、特定外来生物（侵略的外来種）に指定された種の飼育・栽培、保管、運搬、輸入、販売、譲渡や、野に放ったり、植えたり、まいたりするなどの行為が法律で禁止されました。また、すでに国内に定着している特定外来生物（侵略的外来種）については必要と判断された場合には、分布拡大を防いだり撲滅する防除対策を講じることが求められています。外来種の侵入を防止するには順法はもちろんですが、栽培・飼育の管理の徹底が重要で、それでも侵入してしまった場合にはその生育・生息の実態をできるだけ早く把握して分布拡大抑制策を早急に講じる必要があります。

哺乳類

阿蘇の下野で天正十年（一五八二）まで行われていたという大規模な巻狩について記録した『下野狩集説秘録』や『下野狩図』（薗《その》井《い》守《もり》供《とも》筆）などによると、当時、阿蘇にはシカやイノシシが多く、クマやオオカミなどもいたことが分かります。

阿蘇の哺乳類についての本格的な最初の学術調査はアンダーソン（M. D. Anderson）一行によって、明治三十八年（一九〇五）四月三日から同月十四日にかけて南郷谷東部の高森を中心に行われ、その調査結果は翌年（一九〇六）にトーマス（O. Thomas）によってロンドン動物学会の会誌に発表されています。それには阿蘇産の哺乳類はジネズミ・ヒミズ・テン・イタチ・アナグマ・アカネズミ・ヒメネズミ・スミスネズミ・ノウサギの九種が記載されています。

その後、阿蘇の哺乳類についてまとめて記したものとしては『阿蘇郡誌』（熊本県教育会阿蘇郡支会、一九二六年）があり、サル・シカ・イノシシ・ウサギ・タヌキ・キツネ・アナグマ・ネズミ・ノネズミ・テン・イタチ・カハウソ（カワウソ）・カウムリ（コウモリ）・モグラ・ムササビ・ニク（カモシカ）の名がみえます。

阿蘇の哺乳類はこれまでに七目一六科三七種が知られていて、そのうちツキノワグマ・オオカミ・カワウソの三種は絶滅したとされています。また、カモシカもかつて阿蘇郡高森町東部の大分県境にある越敷岳《こしきだけ》（一〇四三メートル）に生息していたといわれていますが、現在はいないようです。また、ホンドモモンガも南外輪山外側斜面の上益城郡山都町蘇陽にいるという話はありますが、今一つはっきりしていません。ちなみに九州本島で知られている哺乳類七目一六科四〇種のうち阿蘇で全く情報が無いのはヒメヒミズ・ノレンコウモリ・ヒナコウモリの三種だけです。

ネズミの仲間

モズの「はやにえ」にされたハタネズミ（12月下旬）

九州本島産の全八種が知られています。つまり野ネズミ五種と家ネズミ三種の合計八種です。九州本島で野ネズミというと、森林性のアカネズミが各地に最も普通ですが、阿蘇では草原性のハタネズミが主役です。日本固有の野ネズミで、日当たりのよい草原の地下にトンネルを掘り、あるいは地表に積もった枯れ草の下に〝ネズミ道（ラン・ウェイ）〟を縦横に張り巡らせて昼間も活動しています。頭部は丸っこくて耳介が小さく、足や尾も短くてトンネルでの生活に適した体形をしてい

カヤネズミ（10月中旬）

て、俗に〝モグラネズミ〟とも呼ばれています。植物食で、主にススキやネザサの新芽を食べ、ネザサが開花し結実すると大発生することがあります。大発生するとダイコンや、スギやヒノキの幼木の樹皮や根などを食害して農林業に被害を与えることもあります。

湿り気の多い草原には日本産最小の野ネズミのカヤネズミがいます。体重は七〜一四㌘ほどで、その身軽さを生かして主にイネ科植物の茎や葉の上で生活し、ススキやチガヤ・エノコログサなどの葉を集めて直径一〇㌢ほどの球形でウグイスの巣に似た巣を造ります。草本の種子のほか、バッタなども捕食するようです。

森林にはアカネズミのほかにヒメネズミやスミスネズミなどもすんでいます。いずれも日本固有種で、アカネズミより高所の主に海抜六〇〇㍍以上の冷温帯落葉広葉樹林（夏緑林）にすみます。ほかのネズミ仲間と同様に主に植物食ですが、繁殖期にはどちらも昆虫類も捕食します。ヒメネズミは俗に「ヤマネズミ」とも呼ばれ、アカネズミに似ていますが、その名のようにずっと小さくてハツカネズミくらいの大きさで、尾は長めです。尾率（頭胴長に対する尾長の割合）の一一〇％は日本産ネズミの仲間では最大で、長い尾は細い枝上でのバランサーの役目をしていて樹上での生活に適した体形となっています。九州の森林ではアカネズミについで多いとみられています。スミスネズミは、森林に進出したハタネズミといったニッチ（生態的地位）を占めていて、トンネルでの生活に適した体形はハタネズミに似ていますが、小さくて尾は長めで、全体的に赤みが強いことで区別できます。和名は神戸で採集した英人スミス氏の名にちなんでいます。

人家やその周辺部には、「家ネズミ」で総称されている汎《はん》世界的に広く分布するハツカネズミ・クマネズミ・ド

モズに捕られたハツカネズミ（12月中旬）

ブネズミの三種が生息しています。ハツカネズミは人家周辺の農耕地に多く、夏季には主に野外で生活していますが、冬季には人家内にもしばしば入って来ます。かつては家畜小屋や納屋などによく営巣していたもので、近年はハウス栽培のイチゴの食害が問題になっています。開発や干拓、埋め立てなどによって新しく宅地が造成され人家が新築されると、まず最初に入って来るのがハツカネズミです。しかし、人間生活が活発になって残飯などの食物量が多くなると、次に雑食性で体が大きくて強いクマネズミやドブネズミが入って来て、締め出されてしまいます。

　クマネズミとドブネズミは、大きさも外見も似ていますが、クマネズミは耳介が大きくて前方に倒すと眼に届きますが、ドブネズミでは届きませんので区別できます。クマネズミが少し小さくて尾が長くスマートで、動きが敏捷で登攀力に優れています。というのも元来は東南アジアの森林原産の樹上生活者だからです。一方、ドブネズミは体重が五〇〇㌘にもなるものもいて、九州本島産のネズミの仲間では最大級最強で、泳ぎが巧みです。原産地は中央アジアの湿地帯と考えられ、日本へは江戸時代に朝鮮半島経由で侵入したとみられています。こういった原産地での生活を反映して人家では、クマネズミは「ルーフ・ラット」とも呼ばれるように主に天井裏に、ドブネズミは穴掘りが巧みで台所の床下や下水道にと棲み場所を違えています。こういうとなにか両者はうまく棲み分けているように受け取られそうですが、実際には一軒の家に両者が同時にすむということはあまりなく、個々の人家ではどちらかがすんでいるということになっています。ドブネズミは、夏季には農耕地や川岸・海岸・森林などにも進出し、ことに都市近郊の水田では近年イネ食害が散発しています。

ネザサの開花とハタネズミの大発生

阿蘇でのハタネズミの異常大発生は、明治の終わり頃から注目され、話題になってきました。ことに北外輪山一帯ではこれまで何回となくハタネズミの大発生が起きています。戦後では昭和三十四年（一九五八）の大発生があります。この年は阿蘇だけでなく、九州（長崎県は除く）と四国で広く大発生が認められています。

その後は、昭和四十三年（一九六八）の秋に、外輪山東部の阿蘇市波野から、阿蘇郡高森町、中央火口丘の烏《え》帽《ぼ》子《し》岳（阿蘇郡南阿蘇村白水地区）にかけての大発生がありました。この時、烏帽子岳（一三三七㍍）では地下に無数のトンネルが掘られたために草が枯れて中腹以上の草原が一面に白くなりました。また、植林して一〇年未満の若いスギやヒノキの樹皮が食害されて立ち枯れする被害も発生し、熊本県は薬剤を散布するとともに天敵のキツネやタヌキ・テン・イタチなどの狩猟獣を捕獲禁止にするなどの措置を講じました。

ハタネズミの大発生は、その後も昭和五十四年（一九七九）頃にもあり、近年では平成四年にありました。平成四年の五月上旬に北外輪山でネザサが二一五七㌶にわたって一斉に開花して結実しました。ネザサの実は小麦によく似ていて栄養価も高く、一つの穂に二〇～一〇〇粒が付いていて一㌶当たりの生産量は二〇〇〇～三〇〇〇㍑にもなります。この時の結実量は一九六三㌧と推定され、これは玄米三五〇〇俵分に相当します。ハタネズミにとってはまさに宝の山の出現です。ハタネズミの生息密度は通常は一㌶当たり一〇匹程度といわれていますが、この時は場所によっては二〇〇匹を超えていたという。まず、春の野焼きや採草を中止した草原から殖えはじめて、そうでない周辺部にも広がり、ついにダイコンや若いスギやヒノキの樹皮や根を食害する被害も発生しました。ネザサが開花し結実したことがハタネズミの大発生を誘発したことは疑う余地がありません。

ササの開花、結実は、古来一般的には六〇～一二〇年に一度といわれています。ネザサの開花、結実の周期ははっきりしていませんが、地元畜産農家の間では約一五年に一度ともいわれていて、結実後は枯れてしまうという。宝の山はそう簡単にたびたび出現するものではなさそうです。

ネズミの仲間は、食糧事情がよくなると、どの種でも大発生するかというとそうではありません。日本産のネズミの仲間で大発生が知られているのは、九州と本州ではハタネズミ、ハタネズミがいない四国ではスミスネズミ、北海道ではタイリクヤチネズミ、それに条件さえ調えばどこでも大発生するドブネズミの四種だけです。大発生を外的要因だけで解釈するには少し無理があり、ネズミ自身の内的なバイオリズムも関係しているようです。

阿蘇のハタネズミの大発生には四〜六年の周期があるとみられ、いったん大発生が起こると草原生態系のバランスが一時的に壊れ、天敵のキツネやタヌキ・テン・イタチなどのほか、鳥類のノスリやフクロウ・トビ・チョウゲンボウ・ヘビの仲間のジムグリやアオダイショウ・マムシなども通常より一時的に多く見かけるようになります。

ジネズミとカワネズミ

一見ネズミの仲間に似て見えることからその名がついたようですが、吻《ふん》が長く尖って眼は小さく体毛は柔らかくて密生しビロード状であるなど、むしろモグラの仲間に近い動物でネズミの仲間ではなく、トガリネズミ科に属しています。食性もネズミの仲間が基本的には植物食なのに対して動物食です。

モズの「はやにえ」にされたサイゴクジネズミ（12月下旬）

ジネズミは、平地から山地にかけての原野や農耕地周辺のやぶや低木林などに普通に生息しています。石垣の間や、堆肥の下、草木の茂みなどに穴を掘るなどして半地下生活をしていて、昆虫類やクモ類、ジムカデ類などを捕食しています。日本のほかには韓国の済州島に分布するだけの準日本固有種です。大きさに個体変異が大きくて便宜上六亜種に分けられており、九州・四国・中国地方産の亜種は大きくてサイゴクジネズミと呼ばれています。

カワネズミは、水生に適応した大型のトガリネズミといったところで、手足の指の両側に扁平な剛毛が列生して蹼《みずかき》の役目をしています。また、尾は長めで下面に長い毛が生えて毛総《けぶさ》になっています。頭部は平たく、吻は比較的短くて幅広くなっています。泳ぎや潜水が巧みで、魚やサワガニ・カワニナ・水生昆虫類のほか、ヒルやミミズなども捕食し、ときには養鱒場のマスを食害したりすることもあります。昼間にも活動し、柔らかくて密生した体毛が水をはじいて水中では空気の層が銀色に輝いて見えることがあります。外輪山外側斜面の渓流に生息していますが、多くはありません。

モグラとヒミズ

モグラ科の動物は、ユーラシア・北アメリカ両大陸とその周辺部に約四〇種が生息しています。日本列島にはそのうちの八種が生息していて、全てが日本固有種です。阿蘇にはそのうちのコウベモグラとヒミズの二種が生息しています。

コウベモグラとモグラ塚（2004年8月20日、阿蘇郡産山村のビゴタイ公園で）

コウベモグラは、日本産のモグラの仲間では最大で、本州中部以北に分布している最小のアズマモグラよりずっと後の数万年前にユーラシア大陸から侵入したようで、富山－静岡を結ぶ線より以南に分布しています。平地から山地にかけての牧野や農耕地、ゴルフ場などに普通で、スコップのような手掌で土中にトンネルを掘ったり、モグラ塚をつくったりします。ミミズをはじめ土中の小動物を捕食し、夜間だけでな

ヒミズ　小さくてモズに捕られることもあります。
（杵島岳南麓産　2002年10月21日）

く昼間もときどき地上に出てきます。トンネルを掘ったり、モグラ塚をつくったりするときに農作物の根が切られたり、苗が倒れたりすることもあります。また、掘ったトンネルにハタネズミやアカネズミがすみついて農作物を食害したりすることなどもあって、モグラは農作物の栽培に厄介な一面もあります。しかし、見方を変えると、土を耕してくれますし、餌となるミミズや小動物が多いというのはそれだけ土が肥沃であることの証しであり、モグラがすめないような土では農作物の生育もあまり期待できないということになります。

ヒミズは、コウベモグラの半分くらいの大きさですが、尾は長めです。山地の草原や森林に普通に生息しています。落ち葉が積もった湿り気の多い場所にトンネルを掘って半地下生活をしていて、地上もよく出歩きます。ミミズや昆虫類・クモ類・ジムカデ類のほか、植物の種子なども食べ、多少雑食性です。

ヒミズの仲間の化石は、ヨーロッパやモンゴルなどの各地から出土していますが、新生代第三紀以降に世界中のほとんどの場所で絶滅してしまったようです。現生種は、本州以南に分布するヒミズとヒメヒミズ、それに中国南西部からミャンマーやベトナム北部に分布するシナヒミズと北アメリカ西海岸に分布するアメリカヒミズの四種だけで、これらは数少ない生き残りといえます。ヒミズの仲間にとって日本は楽園といえそうです。

ヒミズは先述のように日本固有種で、九州・四国・本州に分布し、五亜種に分けられています。九州産は体毛がチョコレート色に近く、尾が比較的長くてキュウシュウヒミズと呼ばれています。

コウベモグラやヒミズの天敵としてはノスリ（タカ科）やフクロウ、それにジムグリ（ヘビの仲間）などがいて、なかでもノスリは育雛期にはコウベモグラを多食しているようです。一方、体が小さいヒミズはときにモズ（モズ科）などに捕食されることもあるようです。

コウモリの仲間

食虫性の小型コウモリは、空を飛んだトガリネズミかモグラといった動物です。空を飛ぶには地上を歩くより多くのエネルギーを消耗しますので体は小さく軽いほうが有利です。エネルギーを消費すると熱が発生し二酸化炭素と水が生じますが、過分な水分の発散は危険で体が小さいほど脱水が起きやすくなります。つまり、体の大きさ（体積）は長さの三乗に比例するのに対して、体の表面積は二乗に比例しますので、体の大きさ当たりの表面積の割合は、体が小さいほど大きくなるからです。それに翼の分だけ表面積が大きくなるからなおさらで、乾燥はコウモリにとって大敵です。コウモリは「川守《かわまも》り」が訛《なま》ったものだそうで、アブラコウモリがよく川面を飛んでいるのは羽化した水生昆虫を採餌するだけでなく水分補給もしているのでしょう。また、夜間に活動するのも湿度が高くなるからで、昼間は乾燥を避けて湿り気が多い洞穴内などで休んでいるのです。

中央火口丘群の一つ米塚（九五四㍍）の北西方の斜面には溶岩トンネルが断続的に数か所あって、洞穴性コウモリの仲間の阿蘇での格好のすみかになっています。洞穴性コウモリの仲間にとって洞穴はねぐらであったり、冬眠場所であったり、繁殖場所であったりします。通常これらそれぞれの目的にあった専用の洞穴を三つ以上もっていて、それらを季節によって順に移動しながら使い分けていますが、なかには三つの条件を全て満たした大きい洞穴などもあって、そのような洞穴では年中コウモリが見られます。

米塚の北西方の斜面にある溶岩トンネルではキクガシラコウモリ・コキクガシラコウモリ・モモジロコウモリの三種が確認されています。キクガシラコウモリは四つの溶岩トンネルで五月から十月にかけて一～十数匹見られます。また、洞長約九〇㍍の最大の「こうもり穴」（阿蘇市永草字笠石）ではモモジロコウモリと共生するコキ

アブラコウモリ（1987年3月9日）

コキクガシラコウモリ（2009年5月14日）

クガシラコウモリの約七〇匹からなる育児コロニー（一九七六年七月）も確認されています。コキクガシラコウモリはキクガシラコウモリと似て小さいことからその名があり、九州から北海道まで分布していますが、九州では少なく、七〇匹は熊本県内では上天草市姫戸町の権現山洞の約一〇〇匹に次ぐ規模となっています。

阿蘇での洞穴性コウモリにはユビナガコウモリも知られており、人家周辺ではアブラコウモリが普通で、カルデラ入り口の白川左岸の「阿蘇北向谷原始林」（国指定天然記念物）に近い阿蘇郡南阿蘇村長陽では森林性の珍しいオヒキコウモリ（一九八一年）やニホンテングコウモリ（一九七〇年）の採集記録もあります。

洞穴性コウモリは夜行性で、人には聞こえない一六キロヘルツ以上の超音波を発しながら飛び、反響（エコー）で餌の昆虫類をみつけて口で直接くわえ捕ったり、腿間膜ですくい捕ったりしています。餌となる昆虫類の種類は季節によって変わりますが、大型のキクガシラコウモリ（体重一七～三五グラム）は、左右が上下二つに分かれた硬い骨からなる小鼻孔から四本の超音波ビームを発しながら主に森林の下層空間を、幅広くて短めの翼でチョウのようにヒラヒラ飛びながら主に甲虫の仲間やクスサンやスズメガといった大型のガの仲間などを捕食しています。一方、中型のユビナガコウモリ（体重一〇～一三グラム）は、グライダーのように細長い翼で森林の上空を高速で飛びながら主に体長二五ミリメートル以下の小型のガの仲間を捕食しています。小型のモモジロコウモリ（体重五・五～一一グラム）やコキクガシラコウモリ（体重四・五～九グラム）は、前二者の中間型の翼で森林の樹間や上空低くをゆっくり飛びながら捕食しています。

また、人家近くにすむアブラコウモリ（体重五～一〇グラム）は、声帯で発した超音波の周波数を口の開け方で変調させながら主に川面の上空でカやブユ・ユスリカ・小型ガの仲間などを捕食しています。このように食虫性のコウモリの仲間は、種類ごとに少しずつ異なる翼の形による飛び方の違いによって採餌空間を無駄なく区分けして共生しているのです。食虫性のコウモリの仲間は、昼間の小鳥たちのニッチ（生態的地位）を夜間に占めているのです。

食虫性のコウモリの仲間は、どの種も一日に体重の約三分の一に相当する量の昆虫類を捕食しているという。その中には農林業上あるいは衛生上の有害虫も当然含まれています。その有益性に着目して青森県ではヒナコウモリのための蝙蝠《こうもり》小舎を設けたり、野鳥の巣箱ふうのバットボックスを取り付けたりして保護しています。ヨーロッパやロシアでもコウモリを保護していて、イギリスでは国立公園内に人工塒《ねぐら》を設けたりしているという。

コウモリの天敵には、アフリカのコウモリダカ（タカ科）のようにコウモリを主食にしているものは日本にはいないようですが、アオバズク（フクロウ科）の食性調査でウサギコウモリやテングコウモリ捕食の報告があります。また、洞穴性コウモリが石灰洞から出る時刻（日没一〇分後くらい）になると決まって洞口近くにアオバズクが現れる、ということをコウモリの生態研究をしている知人から聞いたこともあります。

〈溶岩トンネルは生物進化の研究室〉

溶岩トンネルは、先述のように流動性に富んだ溶岩が急斜面を流れ下るときに表面部分から冷え固まり、内部の熱い部分が流れ下り続けて抜け出た跡にできるトンネル状の空洞で、できた当初はもちろん無生物状態です。しかし、洞穴性コウモリによって洞外から有機物（コウモリの糞）が持ち込まれると、それを栄養源として洞穴生態系が形成されます。

米塚の北西方斜面の地元の人が「風穴」と呼んでいる溶岩トンネルでは昆虫類七種、多足類五種、クモ類一四種などが確認されていて、アソメクラチビゴミムシのような固有種もいますし、洞穴産としては日本で最初のヨロイヒメグモやホソテゴマグモも見つかっており、ヤマリュウガヤスデやエダオビヤスデのように阿蘇の溶岩トンネルが模式産地になっているものもいます。

洞穴性動物は土壌動物から進化したものが多く、溶岩トンネルはできた年代が一般に新しくて明確ですので洞穴性動物の進化を研究するには格好の場になっています。

ニホンノウサギ

その名が示すように日本固有の野生ウサギで、九州・四国・本州・佐渡・隠岐島に生息しています。腹が白く、耳介先端部が黒いほかは全体に茶褐色で、冬季に積雪をみる地域では耳介先端部が黒いのを残して全体に白くなるものもいます。

四亜種に分けられていて、九州・四国及び本州南部の太平洋側に生息する亜種はキュウシュウノウサギ（基産地は長崎県）と呼ばれ、年中ほぼ同色ですが、高地にすむものには冬季に白くなるものも稀にいるようです。江戸時代に描かれた『下野狩図』には四羽の白ウサギが見出されますし、実際に阿蘇市一の宮町では昭和十二年（一九三七）頃白ウサギ一羽が捕れたという話が残っています。また、九重連山東部の黒岳（一三三四㍍）の東側の大分県竹田市直入の阿蘇野（一三〇〇㍍）でも昭和十八年（一九四三）十一月に白ウサギ一羽が捕れています。四国でも冬季に白ウサギが見られているという。キュウシュウノウサギも元々積雪中では白毛になる潜在的な形質を有していて、現在より冬季の寒さが厳しくて積雪も多かった時期には白くなったノウサギが稀ならず見られていたのかもしれません。ミトコンドリアＤＮＡの分析からは岡山県あたりを境に南北の二集団に分けられ、冬毛が白変する集団の分布とは一致していません。冬毛が白変しない個体が多くなったのは数万年と新しい時期のことで、まだ遺伝子にまでは反映されていないのかもしれません。

草原から森林までいろんな環境にすみますが、夜行性なので人目に直接ふれる機会はあまりありません。植物食で、いろんな植物の芽や葉・茎・樹皮などを食べます。ことにヒノキに強い嗜好性を示し、一～三年生の幼木の食害が西日本の各地で目立っているという。飼いウサギ（アナウサギの家畜化）のように巣穴は掘らず、地面を引っ掻いて浅い凹みをつくり、通常一～四羽出産します。早春から秋にかけて数回出産し、幼獣の額には白い差し毛があります。

道路に出て来たキュウシュウノウサギ（1975年7月6日）

イタチの仲間

イタチ科の動物はテンとニホンイタチ・チョウセンイタチ、それにアナグマの四種が生息しています。

テンは山地の森林に普通にすんでいて木登りが巧みで樹洞に営巣しますが、大木に囲まれた社寺などでは天井裏に営巣したりすることもあります。野ネズミ・鳥類とその卵・ヘビ・カエルの仲間・昆虫類といった動物のほか果実類なども食べます。顔は夏毛では黒く、冬毛では白くなります。なお、冬毛にはキテンとスステン（四国と紀伊半島）の二つのタイプがあり、阿蘇産はキテンです。毛皮が良質なためにかつて全国的に乱獲されたことが

チョウセンイタチ（11月中旬）

ニホンイタチ（３月下旬）

ありました。

ニホンイタチは、その名が示すように日本固有種で、かつては人家周辺にも普通にいて、ときにはニワトリを襲うなどの困ったこともしていましたが、近縁で大型の外来種チョウセンイタチの帰化によって追われ、現在では山地でしかほとんど見られなくなってしまいました。動物食で野ネズミの天敵として知られていますが、鳥類・ヘビの仲間・昆虫類などの陸上動物だけでなく、泳ぎが巧みで魚類やカエルの仲間、サワガニなども捕食します。主に夜間に活動しますが、昼間にもけっこう見かけます。雌雄の体格が違う性的二型の典型例で、雄（体重約五〇〇㌘）は雌（体重約一五〇㌘）の三倍以上もあります。

チョウセンイタチは、その名が示すように朝鮮半島原産のシベリアイタチの亜種で、日本での元来の自然分布地は対馬だけですが、毛皮用に輸入したものが逃げ出て西日本の平野部を中心に広く分布しています。日本へは昭和五年（一九三〇）頃、養殖業者が近畿地方に輸入したのが最初のようで、現在は福井－岐阜－愛知を結ぶ以西に分布していて、険しい山地が東日本への進出を阻止しているようです。九州へは戦後の混乱期に引き揚げ船に紛れ込んで朝鮮半島から北部九州に侵入したらしく、昭和二十五年（一九五〇）頃から九州や中国地方で急に目立ちだし、熊本県内では昭和三十七年（一九六二）頃から目立つようになりました。

かつてはニホンイタチの亜種とみられていたこともありますが、デオキシリボ核酸（ＤＮＡ）の分析で、シベリアイタチの亜種であることが分かりました。ニホンイタチより大きく、雄の体重は約七五〇㌘、雌でも約三五〇㌘もあり、尾が長めで、特に雌同士での差が顕著です。また、毛色も淡く黄色っぽくてテンと間違われそうです。動物質のほかにカキの実、さらにパンや菓子なども食べ、食性の幅はニホンイタチより広いようです。日本の家屋はチョウセンイタチにとっても快適らしく、天井裏や断熱材の中などにすみついて、台所で生ゴミを食い荒らしたりしています。家ネズミの天敵になっているようで、チョウセンイタチがすみついた人家では従来いたクマネズミやドブネズミなどが見られなくなっています。ただ巣のすぐ近くにトイレを設けるため糞尿による駆除依頼も増えているとか。現在、平地で見かけるのはほとんどがチョウセンイタチで、交通事故死も目立ちます。在来のニホンイタチを駆逐しながら分布を拡大していますが、山地の森林にはあまり入り込まないようです。

アナグマ

一見、大きさや毛色からタヌキと混同されることもありますが、四肢が短く太く頑丈で、湾曲した長い爪があるなどクマの足に似ていて、歩き方もやや内また気味でクマに似ています。タヌキはイヌ科で足の指跡は四個ですが、アナグマはイタチ科で五個で爪跡もはっきりしています。

ユーラシア大陸北部に広く分布していて、日本では九州・四国・本州に生息しています。日本産は固有亜種でニホンアナグマと呼ばれています。平地から山地にかけての森林にすみ、林内の斜面などに巣穴を掘って数匹の集団で生活しています。いわゆる〝同じ穴の狢《むじな》〟や〝一つの穴の狢〟（狢はアナグマの異名）ですが、集団の詳しい内容などはまだよく分かっていません。ミミズをはじめとする土壌動物や小動物のほかに果実なども食べます。タヌキほど夜行性ではないようで、雨や曇りの日には昼間に活動しているのも見かけます。

毛皮が有用で肉も食用（狸汁）になり、一つ穴に何匹もいることから乱獲されやすく、近年著しく減少して憂慮されています。

熊本日日新聞（平成十九年八月二十三日付、朝刊）によると、八月二十二日の早朝に阿蘇市乙姫のペンション村の空のプール（深さ一・五メートル）に入り込んで上れないでいる一匹（体長五〇センチメートル）が見つかり、連絡を受けた熊本県阿蘇地域振興局林務課の職員が五人がかりで網で捕獲して放獣したそうで、プール底の隅にうずくまっているニホンアナグマの写真も掲載されていました。

キツネとタヌキ

どちらもイヌ科の身近かな中型獣で、古くから日本人に親しまれています。〝狸《たぬき》〟を「里の犭（けもの）」とは見事で、昭和六十二年（一九八七）三月に旧阿蘇町役場の床下にタヌキがすみついて話題になったことがあります。一方、キツネは阿蘇では捕ると祟るといわれています。それで人家すぐ近くまでやって来て、生ゴミをあさったり、ときにはニワトリを捕ったり、あるいはトウモロコシを食害したりするなど困ったこともしています。両者は共に野ネズミを捕食してくれる農林業上の有益獣で、ほかに鳥類、大型甲虫の幼虫のほか果実なども食べます。タヌキは見かけによらず木にも登れ、秋にカキの実を求めて登っているのが見ら

キツネ（左）とタヌキ（右）の珍しいツーショット
（2003年10月20日、阿蘇山上広場の一画で）

巣穴から出た仔ギツネ
（1973年4月29日、南外輪山外側斜面の大矢野原で）

れることがあります。

両者はなにかと比較してみられることが多く、キツネはスリムで貴婦人の風格があることから稲荷神の使いなどとして崇められるのに対し、タヌキは少々太り気味で鈍臭い感じから狸爺などとあまりよい印象では捉えられておらず、果てはアナグマと混同されて狸汁にして食べられたりしています。

生態はかなり対照的で、キツネは草原性で昼間もよく活動するのに対して、タヌキは森林性でかなりはっきりした夜行性です。また、キツネは単独で見かけることが多いのに対して、タヌキは家族群など数匹でいることが多いようです。このように生息環境も活動時間帯も対照的なキツネとタヌキが同時に一緒に見られる奇跡的な場所が阿蘇山上広場の一画にあります。そこは草原でも森林でもないその中間のミヤマキリシマの低木疎林で、時間帯は昼でも夜でもない、昼から夜へ移る夕方の一時です。広大な阿蘇ならではの光景で、山上広場の「火の国茶店」の女店員の話ですと、平成十四年の六月頃から夕方になると、キツネが残飯をあさりにやって来るようになり、その後間もなくしてタヌキもやって来るようになったという。当初は二、三匹だったが、しだいに増えて多いときには一〇匹くらい来ていたそうですが、平成十六年一月中旬からの大雪での積雪以降は両者とも来なくなったという。南国生まれは積雪には弱いのでしょうか。

〈おぎつね〉　蔵原伸二郎

黄昏《たそがれ》どきの冬山は静かだ／一匹の雄狐《おぎつね》が／枯木の三叉《みつまた》にのぼっている／はがれた皮だけのように／うすっぺらになっている／狐は鉄のにおいをぷんぷんさして／山すそから登ってくる見えない狩人の姿を／ちゃんと見ていた／そいつの足音がいやらしい欲望の音であるのをもしっているのだ／雄狐はゆっくり木からおりた／そして月光いろの雌狐が待っている／四次元の寂寥の中へ消えていった　『定本岩魚』（一九六五年）より

作者は阿蘇市黒川出身で、悠久の大地、阿蘇の豊かな自然が象徴されているようです。

〈下野の巻狩〉

中世の阿蘇社の一大神事で、旧暦二月初卯の日に五岳の西北麓、阿蘇郡南阿蘇村下野一帯で行われた大規模な巻狩で、阿蘇大明神、健磐龍命が農作物を鳥獣害から守るために行われた有害鳥獣駆除に由来するとされ、仕留められたイノシシやシカ・ノウサギ・キジなどの獲物は阿蘇の神々に捧げられました。その祀りが行われたのが贄塚《にえづか》（阿蘇市）で、狩に使う猟犬の世話をする人たちが住んでいたのが阿蘇市の役犬原《やくいんばる》だとか。この狩のために西野宮を創建し、下田

バス停標識。 阿蘇登山自動車道

久住山猪鹿狼寺 （大分県竹田市久住町仲村）

下野狩図（６幅中の一つ） 薗井守供筆
（貞享元年（1684）表具 阿蘇惟之氏蔵）

権大宮司に下野の狩奉行を任じて神事を統轄させるという肝の入れようでした。

下野は、現在では一つの地名になっていますが、当時は阿蘇五岳の山裾一帯という相当広い意味で使われていたようで、阿蘇氏の狩猟場とされていたようです。

日本最古の大規模な巻狩とされ、源頼朝が鎌倉開幕の翌、建久四年（一一九三）五月に富士の裾野で行った大規模な巻狩に際しては梶原景時をはるばる阿蘇まで遣わせて方法を学ばせ手本にしたという。梶原景時は阿蘇大宮司の先導で習ったことを文治二年（一一八六）九月に久住山麓で復習したところ、たくさんの獲物が捕れて大成功だったそうです。その報告を受けた源頼朝は久住山麓一帯を霊場としていた慈尊院を猪鹿《いか》狼寺《らじ》（大分県竹田市久住町仲村）と改めさせて畜類の供養を命じたという。

阿蘇家は、出雲の千家、宇佐の到津と共に古代末からの系譜が明確な地方名社の社家で、中世には武家としても活躍していました。それで狩も宗教と政治の権威を内外に誇示する意味から厳かで、しかも盛大に行われ、阿蘇大宮司が阿蘇大明神、健磐龍命の名代として直接出座する唯一の、阿蘇社では例外的な神事でした。その様子は、『下野狩集説秘録』や貞享元年（一六八四）表具の肥後狩野派の初祖、薗井守供《そのいもりとも》の代表作ともいわれる『下野狩図』（六幅中、三幅現存）などからうかがい知ることができます。狩に動員された狩人や勢子は阿蘇はもとより益城の社領からも集められて総勢三五〇〇人にも上り、領内外からの見物人も多く、阿蘇の一大イベントになっていたようです。

しかし、阿蘇家の衰退によって、天正十年（一五八二）を最後に途絶え、現在ではこの狩にちなんだ地名に当時の様子を偲ぶだけとなっています。

西日本ではかつて各地で正月に集団猟が行われていました。南九州の打柴祭りでは農耕儀礼に狩猟の行事が含まれています。下野の巻狩も草木が芽吹く前、即ち、本格的な農作業の開始に先立って行われていたことから、先述のように本来は鳥獣による農作物の食害を防止するための有害鳥獣駆除が主目的だったとも考えられます。また、巻狩の最初に火入れして獲物を狩場（馬場）に追い込んでいましたので、このことが現在の野焼きにつながっているのではないかともみられています。

ニホンイノシシ

森林のほぼ全域に生息し、夜行性で昼間は見通しの良い山の尾根などで寝ています。食性は、いろんな植物から、昆虫類、ヘビ・カエルの仲間、ミミズまで、地上のものばかりでなく地下のものまで掘り出して食べる幅広い雑食性で、農作物の食害も各地で増加しています。

ドングリを食べに来たニホンイノシシ（仔）
（2004年3月2日、端辺原野で）

九州では昭和五十年（一九七五）代から増加し分布拡大の傾向にあるといわれていて、ことに昭和六十一年（一九八六）秋ごろから増加・分布拡大に関するマスコミ報道なども目立ってきました。昭和六十二年（一九八七）十月には北外輪山外側斜面の阿蘇郡南小国町中湯田区の山手の田畑で四、五頭の親子連れらしい群れによってイネが踏み倒されたり、サトイモが掘り起こされて食害されるなどの被害が発生しました。その後、阿蘇での農作物の食害はジャガイモ・ヤマイモ・トウモロコシ・ハクサイ・ダイコンなどにも広がり、食害はほぼ全域に及んでいます。

阿蘇郡南阿蘇村の栃木温泉はイノシシの湯治がきっかけで寛永年間（一六三〇年代）に発見されたと言い伝えられていることや、平成五年一月四日に近くで実際にイノシシ（雄）一頭が仕留められたことも先述のとおりですが、同村にはほかにも下野での巻狩にちなんだ「猪《しし》解《と》き河原」などの地名も残っています。近くには阿蘇北向谷原始林（国指定天然記念物）もあって、中央火口丘群の西部一帯には昔から特にイノシシが多かったのでしょう。

阿蘇では、かつてイノシシの足や頭蓋骨を魔除けとして玄関先や馬小屋に吊す風習がありました。頭骨を火の神へ捧げる風習は弥生時代からあって、九州から南西諸島の各地に残存しています。熊本県内ではほかに県南部の人吉・球磨地方でも阿蘇と同様の風習が知られています。

ニホンジカ

阿蘇郡南阿蘇村の黒川に懸かる数鹿流《すがる》ヶ滝の名は、下野の巻狩のときに追い詰められたシカ数頭が滝に落ちて流されたことに由来しているとか。ほかにも鹿洗《しかあらい》（南阿蘇村）の地名や黒川上流の鹿漬《しつけ》川（阿蘇市）など狩りに関する伝承から、かつては阿蘇に広く生息していたらしいことがうかがえますが、現在では南外輪山の阿蘇郡南阿蘇村久木野から阿蘇郡高森町にかけての森林に生息しているだけで、ときにタケノコやソバを食害しています。

〈八俣《やまた》の角〉

『肥後国誌』（森本一瑞、一七七二年）に、阿蘇北宮（国造神社）から下野狩で捕獲されたニホンジカの〝八俣の角〟なる片角が朝廷に献納されたとあります。シカの角は毎春新しく生え代わることから大きな生命力を秘めていると考えられ、新生した若角を陰干しして粉末にした鹿茸《ろくじょう》（袋角）は補精強壮剤にされて

ニホンジカ（飼育個体）
（2000 年 2 月 20 日、阿蘇市の北外輪山上で）

いたのです。ニホンジカの雄には角があり、一歳では枝分かれはなくて尖頭は一つですが、歳ごとに枝分かれして通常四歳で最大四つの尖頭を有します。八つもの尖頭を有していれば薬効も絶大と思われたのでしょうか。しかし、枝分かれは亜種によって異なり、個体変異もあるといわれています。

朝廷に献納されたという〝八俣の角〟は、阿蘇神社の宝物になっているニホンジカの角と同様のものとみられます。つまり第一、二、三枝は正常ですが、角冠が五岐して扁平になっているのです。これは、故・吉倉眞熊本大学名誉教授によると奇形で、このような角の異常はそう珍しいことではないそうです。

宮崎県の米良では、第一、二枝は正常で、第三枝が三岐、角冠が四岐して扁平な〝九俣の角〟(右角)をもつニホンジカが見つかったことを岸田久吉博士が昭和二十六年(一九五一)に報告されています。現在より自然が豊かで、自然とより密接な生活をして自然への関心も強かったでしょうから、このような奇形も目に留まりやすくて記録されることも多かったのでしょう。

阿蘇北宮(国造神社)は手野にあり、『阿蘇社領郷々注文』(十四世紀後半)では現在の東手野地区は古くには「狩集《かりあつめ》村」と呼ばれていました。一方、『阿蘇家伝』によると手野村は古くには「片角《かたすみ》村」と呼ばれ、『阿蘇社縁起絵巻断簡』によると中世の国造社は「手野北宮片角《かたすみ》大明神」と呼ばれていたという。国造社には中世から下野狩の獲物が集められていて、そこで発見された〝八俣の角〟なる片角は、朝廷に献納されたこともあってか、当時はどうも全国的に知られていたようです。

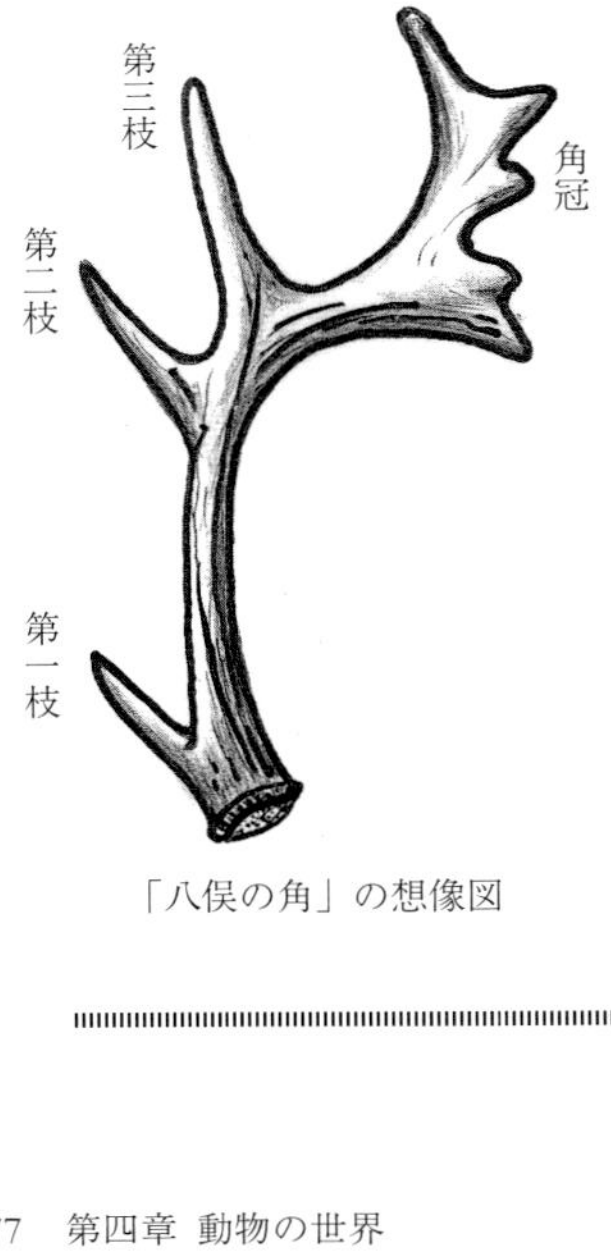

「八俣の角」の想像図

〈鳥獣供養碑〉

人が生きるために食べ、あるいは農作物を食害から守るためとはいえ、動物を殺すことには罪悪感があって心が痛みます。イノシシやシカ、あるいはオオカミやクマなどの大型獣を千頭捕殺するのは娘一人を危《あや》めたのと同じくらい罪深いことと認識されました。成熟した狩猟文化を有するアイヌ社会にはイヨマンテ（熊祭）のように野生動物に対する手厚い葬送の儀礼が深く根付いています。

仏教が大衆化すると殺生《せっしょう》は最大の罪であるとの思想が浸透して、猟師たちは罪を消除しようと動物の成仏を念願して霊を弔い供養するために塚を築いたり、塔を建てたりするようになりました。千匹塚とかシシ塚、イノシシ法供養塔、猪鹿供養碑、鳥猪鹿一切供養塔などいろいろに呼ばれています。古いものでは佐賀県佐賀市三瀬に慶長十九年（一六一四）に造られたものが知られており、江戸時代に始まった風習のようです。自然石をそのまま利用したものや小石をケルン状に積み上げた簡単なものから石碑、墓石、地蔵とさまざまで、場所も千頭めを捕殺した場所や狩りの拠点付近、あるいは社寺の境内や自宅屋敷の一画などいろいろです。捕殺数もちょうど千頭とは限らず、大分県由布市湯布院町には一九八四頭

猪鹿供養碑　昭和60年（1985）6月30日建立　菊池郡大津町高尾野の人家の庭の一画で（2007年5月24日撮影）

千匹塚　阿蘇郡小国町杖立で（1972年10月18日撮影）

というのがあり、少ないものでは先の佐賀市三瀬のように九十九頭というのもあり、クマの場合は一頭でも熊塚を築いたともいわれています。古くには個人で造っていましたが、後では猟友会や狩猟仲間有志によって造られるようになりました。『肥後国誌』（森本一瑞、一七七二年）によると、外輪山西麓の菊池郡大津町古城に住む大河原総太坊は、生前には世間から隠れてイノシシやシカを捕って暮らしていましたが、捕った獣が千匹になると屋敷の一画に塚を築いて僧を招いて供養したという。そして死後はその霊は遺言どおりにその地に留まって山の神となり山を守ったそうで、猟師が山の神を祀らないと必ず祟りがあるとあります。

北外輪山外側斜面の阿蘇郡小国町杖立の山中で見た千匹塚はヒノキ林にひっそりとありました。自然石を利用して築かれており、だいぶ古そうで石の表面はコケむし基部は一部が壊れかけていて、築いた人は既に亡くなり管理されていないようでした。一方、外輪山西麓の菊池郡大津町高尾野の人家敷地の一画で見た猪鹿供養碑は狩猟仲間有志によるもので昭和六十年（一九八五）建立と比較的新しく、季節の花なども供えられていてきちんと管理されているようでした。これらの鳥獣の霊を供養する塚や碑は九州に多いといわれ、熊本県内では阿蘇地方のほかに人吉・球磨地方でも知られています。野生鳥獣が多く、狩猟が盛んだった時代の名残で、かつての山里の人々の鳥獣との関係を刻んだ数少ない貴重な民俗的物証の一つになっています。

ニホンザル

その名が示すように日本固有のサルで、屋久島・九州・四国・本州に生息しています。阿蘇では南外輪山の森林を中心に五〜六群二〇〇〜三〇〇匹が生息し、増加傾向にあります。現在は阿蘇谷でも見られますが、これは昭和六十三年（一九八八）三月二十日に阿蘇郡南阿蘇村久木野での有害獣駆除で生け捕られた二九匹を観光用にと阿蘇市一の宮町宮地の阿蘇畜産農協敷地内にある赤牛肥育牧場に引き取られて飼育されていたところ、ＡＬＦ（動物解放戦線）なる集団によって同年五月二十六日夜から同二十七日未明にかけて檻が破られ、逃亡して自然増

畑に現れたニホンザル　(2001年9月8日、阿蘇郡南阿蘇村白水で)

殖したもので、元々阿蘇谷にニホンザルは生息していなかったのです。

ニホンザルは昼行性で、森林の樹上や地上で行動しています。雑食性で、春から夏にかけては草木の芽や葉・昆虫類などを食べ、秋には木の実を好んで食べますが、ときには農作物を食害することもあります。近年、個体数が増殖して分布拡大の傾向があり、食害も増え、被害農作物の種類も多様化しています。

阿蘇郡南阿蘇村久木野地区では昭和五十年（一九七五）頃からトウモロコシやシイタケの食害が目立ちだしました。食害も当初は季節的で一時的なものでしたが、昭和五十八年（一九八三）頃から急にひどくなって年間をとおしてみられるようになり、食害はタケノコや野菜にも及び、昭和六十二年（一九八七）にはクリも食害され、隣の両併《りょうへい》地区にも出現するようになりました。畑を防風ネットで囲ったり、古タイヤを燃やしておどしたり、また久木野では爆音器を二基設置するなどの対策を講じましたがあまり効果がなく、最後の苦肉の策として生け捕ることになり、昭和六十三年（一九八八）に久木野の原尻に捕獲柵を設けて餌付けをし三月二十日に二九匹が生け捕られました。このサル捕獲には各方面から賛否両論があって、生け捕られたサルが入っている檻が反対集団によって破られる事件があったことは先述のとおりです。

この事件によって猿害は阿蘇谷にも広がることになりました。昭和六十三年（一九八八）八月中旬にはさっそく坂梨でトウモロコシ約一〇〇〇本が食害され、その約一か月後には隣の波野中江でもトウモロコシが食害されました。

一方、元来の生息地である南郷谷の久木野地区では昭和六十四年（一九八九）になると新たに牧草の芽まで食害が広がって深刻化しました。熊本県は、平成元年に学識経験者を交えた熊本県野生ザル対策協議委員会を開いて生息状況調査と併行して猿害防止策を講じることにしましたが、猿害はなかなか治まりませんでした。平成八年には久木野でソバ食害も発生し、阿蘇谷でも阿蘇市竹原でリンゴの食害も発生しました。翌、平成九年からは久木野地区でのダイコンやキャベツの食害も目立ちだしたことから野生鳥獣管理適正化事業として環境省（当時は環境庁）の補助も受けてシイタケ圃場に電気柵を試験的に設置してみたりもしましたが、期待したような成果は得られませんでした。そのような状況下で切羽詰まった旧久木野村（現・南阿蘇村）が熊本県に無許可でサル捕獲業者に委託して平成九年十一月～十年二月にかけて二四匹を捕獲していたことが発覚し、猿害の深刻さが改めて浮き彫りにされました。

自然林の伐採などで餌場が減少しているところに、過疎や、専業農家の減少、農業の機械化などによって田畑に人の姿が少なくなったことが原因のようで、田畑を格好の餌場に見立ててしまったようです。その結果、栄養が改善されて、通常は二年に一回の割合でしか出産していなかったのが毎年出産するようになって猿口が急増しました。それでもまた餌が必要になりましたが山の自然林には少ないので、いきおい人里に下りて農作物を失敬するという悪循環ができてしまったようです。事態は深刻で、抜本策としては困難でしょうが、ニホンザルは元のように山に戻ってもらい、ニホンザルをはじめ野生生物のサンクチュアリ（保護区）を設け、人の行動も厳しく規則して棲み分けを徹底させるしかないでしょう。

ムササビ

日本固有の森林性のリス科動物で、適当な大きさの樹洞を有する大木の林があると、平地、山地を問わず、社寺林などにもすみ、北海道と沖縄県を除く全都府県に分布しています。個体変異が大きくて三亜種に分けられており、九州と四国産は暗色でキュウシュウムササビ（基産地は熊本県）と呼ばれています。

哺乳類の環境別生息状況一覧

目	科	種・（亜種）	火山荒原	ミヤマキリシマ群落	草原 短草型	草原 長草型 地表	草原 長草型 草間	人工林	農耕地	集落	水辺 地表	水辺 水面	水辺 草間	森林 地表	森林 樹冠
食虫（モグラ）	トガリネズミ	カワネズミ									○	◎			
		（サイゴクジネズミ）		◎					○		○				
	モグラ	（キュウシュウヒミズ）		○	○	○								◎	
		コウベモグラ			◎				○		○			○	
翼手（コウモリ）	キクガシラコウモリ	キクガシラコウモリ			○			○	○			○			◎
		コキクガシラコウモリ			○				○			○			◎
	ヒナコウモリ	モモジロコウモリ			○			○	○			○			◎
		アブラコウモリ							○	◎		○			
		ユビナガコウモリ										○			◎
霊長（サル）	オナガザル	ニホンザル							○					○	◎
ウサギ	ウサギ	ニホンノウサギ			○	◎		○	○					○	
齧歯（ネズミ）	リス	（キュウシュウムササビ）						○							◎
	ヤマネ	ヤマネ								○					◎
	ネズミ	スミスネズミ						○	○					◎	
		ハタネズミ		○	○	◎		○	○		○				
		カヤネズミ					○		○				◎		

○印＝生息、◎＝主に生息

		アカネズミ		○	○	○		○	○		○			◎	
		ヒメネズミ						○							◎
		ドブネズミ						○	○	◎	○			○	
		クマネズミ								◎					○
		ハツカネズミ				○			◎	○	○				
食肉（ネコ）	イヌ	（ホンドタヌキ）				○		○	○	○	○			◎	
		（ホンドギツネ）			○	◎			○	○				○	
	イタチ	（ニホンテン）								○				◎	○
		ニホンイタチ							○	○	◎			○	
		（チョウセンイタチ）							○	◎	○				
		（ニホンアナグマ）							○		○			◎	
偶蹄（ウシ）	イノシシ	（ニホンイノシシ）			○				○					◎	
	シカ	（キュウシュウジカ）			○						○			◎	

樹洞からのぞくムササビ
（1975 年 6 月 8 日、菊池渓谷で）

夜行性で人目に直接ふれる機会はあまりありませんが、ギャーギャーと大きな気味悪い鳴き声ですぐその存在に気づきます。植物食で、木の芽や葉・果実・種子などを食べ、通常は樹洞に営巣しますが、適当な大きさの樹洞がないと枝の茂みにスギの樹皮などで球形の大きな巣を造ります。

昭和二十三年（一九四八）に南外輪山外側斜面の上益城郡山《やま》都《と》町《ちょう》馬見原でスギ四〇〇〜五〇〇本が食害によって立ち枯れしたことがあります。

ヤマネ

日本固有の属・種で、国の天然記念物（一九七五年指定）になっています。一見ネズミに似ていますが、尾にも長毛が密生していて、背に黒褐色の目立つ正中線があるのですぐ区別できます。また、木の細い枝を逆さまにぶら下がるようにして素早く移動することができます。

平成九年末に外輪山東部の阿蘇郡高森町尾下の、なんと人家の居間で見つかり、写真にも撮られています。また、平成十四年九月十四日に外輪山西北外側斜面の菊池渓谷で仔をくわえて幹を移動するヤマネ（雌）が午前三時半頃に目撃され、長尾圭祐氏によって写真にも撮られています。外輪山の森林には稀ならず生息しているようですが、詳しい生息状況は分かっていません。

九州中央山地では稀ではなく、樹洞のほかに小鳥用の巣箱でもよく冬眠しています。本州でも山小屋の布団の中などで冬眠しているのもしばしば見つかっており、高森町尾下のはそれに似たケースでしょう。

爬虫類

ヘビの仲間八種、トカゲの仲間二種、それにカメの仲間三種の生息が知られています。これらそれぞれの種類数は九州本島産の全種類でもあります。ただニホンヤモリだけは意外にも確認されていません。熊本県内では分布が拡大傾向にありますので今後注意して見ていきたいものです。

ヘビの仲間のうちアオダイショウ・シマヘビ・ジムグリ・シロマダラ・ヒバカリの五種と、カメの仲間のイシガメの合計六種は日本固有種で、ほかの種は朝鮮半島から中国にかけて別亜種や近縁種がいることから、ユーラシア大陸と陸続きだったかなり古い時代にそれぞれの祖先が現在の朝鮮半島あたりを経てやって来て、九州がその後の地殻変動で隔離されて種分化したとみられます。ただ、タカチホヘビは、朝鮮半島には同属のものさえいなく、中国東部に同一種がいて、琉球諸島や台湾に近縁種がいることから、もっと古く東シナ海が誕生する以前のユーラシア大陸の一部だった時代にやって来たと考えられます。

ヘビの仲間

メクラヘビを除く九州本島産在来の陸生ヘビ全八種の生息が確認されています。ヘビの仲間は全て生きている動物食で、種類ごとに餌動物が多少異なることから生息場所も微妙に異なっています。

アオダイショウは、九州本島産のヘビの仲間では最大で、全長は二㍍を超えるものもいます。腹面の両角をひっかけて木にも巧みに登ります。昭和五十二年（一九七七）八月二十七日に阿蘇郡南阿蘇村の立野に近い山中で全長が五㍍近い大蛇がヒノキに登っていたということを地元の熊本日日新聞（九月九日、十日、十八日付）が写真入りでキャンペーン報道して話題になり、ついには大々的な調査も実施されました。しかし、再発見はできず、結局アオダイショウだったろうということで幕切れとなりました。

英名ではラットスネイクと呼ばれているようにネズミの仲間を好み、かつては家ネズミをねらって人家内によく入って来たものです。また、巧みな木登りで鳥の卵や雛もよく捕食します。阿蘇ではネズミトリ・ネズミトリグチナワ・ヤワタリ・エグチナワなどとも呼ばれています。

ヤマカガシは、通常アズキとかアズキヘビなどと呼ばれ、水田や水辺に多くて主にカエルの仲間を捕食しています。無毒ヘビの代表のようにみられてきましたが、二列の頸腺から強い出血毒をにじませ、深く咬まれての死亡例もありますので悪戯したりするのは危険です。

シマヘビは、ネズミの仲間からカエルの仲間、さらにはヘビの仲間まで捕食する幅広い食性で、田畑やその周辺でよく見かけます。黒化型もいてカラスヘビと呼ばれています。

ジムグリは、主に野ネズミを捕食していて、上あごの前縁が下あごに覆いかぶさっているのはその名のとおり土中に潜ったときに土が口に入らないようにするための適応でしょう。山地の農耕地でよく見かけ、ツチモチとも呼ばれています。

ヒバカリは、咬まれるとその日ばかりの命からついた名といわれていますが、けっしてそんなことはなく、無毒でおとなしく、自ら進んで咬みつくようなことはしません。カエルの仲間やそのオタマジャクシ・小魚をよく泳いで捕食することから水辺の茂みを好みます。

マムシは、和名がそのまま英名にもなっている強い出血毒をもつ毒蛇として知られていますが、毒の量は少なく、血清療法も発達していますので咬まれても死亡することはほとんどありません。食性はシマヘビに似て幅広く、いろんな環境で見られますが、森林とその周辺に多く、ヒラクチとも呼ばれています。

シロマダラは、主にトカゲの仲間を捕食するという変わった食性で、平地にも山地にもいますが少なくて夜行

ヤマカガシ　（1980 年 5 月 18 日、菊池渓谷で）

モズの雛を丸呑みするアオダイショウ（4 月上旬）

ジムグリ（幼蛇）
（1981 年 9 月 13 日、菊池渓谷で）

カラスヘビ（シマヘビの黒化型）
（1981 年 6 月 12 日、菊池渓谷で）

山道でとぐろを巻くマムシ
（1977 年 5 月 29 日、菊池渓谷で）

性のために人目にふれることは少ないようです。

タカチホヘビも夜行性で人目にふれることはあまりありませんが、一般に考えられているほど稀なヘビではなさそうです。主にミミズやクガイビルなどを土中に潜って捕食していると考えられ、乾燥に弱いこともあって落ち葉が厚く積もった湿り気の多い林床を好むようです。

昭和五十五年（一九八〇）七月二十七日に外輪山西北外側斜面の菊池渓谷で生きているのを初めて見ましたが、私がそれまでいだいていたヘビの仲間へのイメージは大きく一変しました。捜し求めてふと起こした石の下から現れたタカチホヘビは生きているのかと疑うくらい微動だにせず、半透明の擦りガラスのような鱗が木漏れ日にときおり虹色の光沢を放ち、なんと美しく愛らしいヘビだろうと思いました。


〈蛇石神社〉

阿蘇大明神、健磐龍命が、下野での巻狩のとき現・阿蘇市赤水で愛馬を岩に繋いで休息されていると、何に驚いたのか愛馬が突然駆け出して手綱が切れたそうです。その際に岩の裂け目に挟まって残った一尺（約三〇㌢㍍）余りの手綱が後に白蛇に化したそうで、その白蛇を祀って創建されたという。蛇石と呼ばれている巨石は、上下二段からなっていて、その境目には大人の

（上）宝珠を守る（!?）蛇の石像
（下）蛇石神社の御神体（白変したアオダイショウ）
（写真はどちらも阿蘇市赤水の蛇石神社で）

指五本を並べて入れられるくらいの幅のすき間があり、奥行きは相当深そうです。その岩のすき間に胴回りが大人の指くらいの大きさで全長が四五センチメートルくらいの、全体が灰白色で黒と褐色の美しい斑点があるヘビが昔から数匹すんでいるといわれています。日本産のヘビにはそれに該当するようなものはいませんので、どの種かが軽度に白変したものでしょう。

平成二十年七月二十五日に参拝したとき目にした御神体は白変したアオダイショウ（成蛇）でした。全体が見事に白いものの、眼は赤っぽくなかったことから完全な白子（アルビノ）ではないように見受けました。無駄を極限まで省略して研ぎ澄ませた紐状の形態と合理的な生態には感心させられます。ことに脱皮による新生はまさに不老不死の具現ともとれ、白色の神秘性も加わって畏敬の念さえ覚えました。昨今は財を成し、家を興し、名を挙げさせてくれる霊験あらたかな竜神様として多くの信仰を集めているとか。

〈阿蘇の大蛇伝説〉

阿蘇市赤水には蛇石神社縁起のほかにも「下野の赤池」の主が大蛇に化した一人娘の伝説もあります。また、阿蘇谷には山田の「小池《こうじ》の七池」の清夜《きよや》姫と六人の腰元が身を投じて七匹の大蛇に化した伝説や、蔵原《くらばる》の善五郎谷にすむ大蛇伝説などもあります。

外輪山東部外側斜面の阿蘇郡高森町草部《くさかべ》にも吉見神社の祭神、神武天皇の第一皇子彦八井《ひこやい》命（国龍神）の「吉ノ池」の大蛇退治や、蛇塚にまつわる伝説などがあります。日本人は、素戔嗚尊《すさのおのみこと》の八岐大蛇《やまたのおろち》退治の神話以来、ヘビをどうも不倶戴天の敵と思い込んでいるようですが、蛇塚にまつわる伝説はちょっと違います。その昔、吉ノ池と今池社の

大蛇がすむと伝えられる吉ノ池と大蛇の石像　阿蘇郡高森町草部の吉見神社境内で（2002年6月3日撮影）

池を往き来していた大蛇がいたそうですが、野火で焼け死んでしまったそうです。哀れに思った里人は骨を埋め塚を築いてその霊を弔ったそうです。阿蘇の広大で豊かな自然に育まれて暮らしていればこその心の余裕で、草部と野尻の中程の小高い丘に石碑が建てられていて、かつては歯痛止めの神として遠くからの祈願参拝者も多かったという。

阿蘇の雄大な自然にすむヘビはやはり大蛇がよく似合っているようです。

トカゲの仲間

トカゲとカナヘビが普通に見られ、両者はあまり区別されることなくどちらもトカゲとかトカギ・トカギリなどと呼ばれています。

トカゲは、明るい茶褐色でスベスベした感じで光沢があります。幼体は尾の先が鮮やかな青色で、背面は黒地に黄白色の五本の縦縞があってまるで別種のようです。

カナヘビは、背面は褐色でカサカサした感じで、尾が長くてトカゲよりスリムです。

どちらも生きた昆虫類やクモ類、ミミズなどを食べ、トカゲは主に地面で、カナヘビは木登りが巧みで草木の茂みで採餌しています。

カメの仲間

イシガメ・クサガメ・スッポンの三種が、主に阿蘇谷の黒川水系に生息しています。イシガメとクサガメは似ていてあまり区別されることなくどちらもカメ・クズ・コウズなどと呼ばれています。

イシガメは、日本固有種で、三種の中では最も普通で、クサガメは少なくあまり見かけません。クサガメは漢字では臭亀と書き、自衛手段として悪臭を放つことからその名があります。日本在来種ではなく、おそらく近世

（室町時代末〜江戸時代初期）に朝鮮半島から移入したのではないかとみられています。頭部に黄色縦縞があり、各甲板にも黄色の縁取りがあります。また、背甲には三本の隆起したうねがあり、周縁は滑らかで、後縁部もイシガメのようにギザギザしていなくてわずかな凹凸があるだけです。

スッポンは、食用として漁協によって放流もされています。昭和五十六年（一九八一）五月十日に阿蘇市一の宮町の黒川で甲長四〇センチメートル、体重五キログラムもある大物が捕獲されて話題になりました。

なお、阿蘇では未確認のようですが、白川下流域では北アメリカ南部原産の、眼の後方が赤いアカミミガメ（幼体はミドリガメと呼ばれている）が野生化して在来のイシガメやクサガメを圧迫して憂慮されています。

両生類

阿蘇は九州の水瓶といわれているように、両生類にとっては格好の生息地となっています。サンショウウオの仲間四種とオオサンショウウオ、イモリ、それにカエルの仲間一一種が知られています。九州本島産のサンショウウオの仲間六種にオオサンショウウオ、イモリはいずれも日本固有種で、九州がユーラシア大陸と陸続きだったかなり古い時代にそれぞれの祖先が現在の朝鮮半島あたりを経てやって来て、その後の地殻変動で隔離されてそれぞれの環境で著しく種分化したようです。

カエルの仲間一一種は九州本島産の全種類でもあります。東洋区（南方）系のヌマガエルと人為的に移入されたウシガエルを除き、あとはみな日本固有種です。どの種にも近縁種が朝鮮半島から中国北部にかけての地域に分布していることから旧北区（大陸）系とみてよく、ヌマガエルもおそらく琉球諸島経由ではなく朝鮮半島経由で九州に入ったと考えられます。

サンショウウオの仲間、オオサンショウウオ・イモリ・カエルの仲間は、どれも生きている動物食で、昆虫類やクモ類・ミミズ・ダンゴムシなどの小動物を主に嗅覚によって探し、動きに反応して捕食しています。獲物は舌から出る粘液に付着させて捕らえ、眼球を口内に押し込むようにして呑み込みます。餌動物は種類ごとに微妙に異なっていて、生息環境も変化に富んでいます。

サンショウウオの仲間とイモリ

サンショウウオの仲間は、ブチサンショウウオ・ベッコウサンショウウオ・オオダイガハラサンショウウオ・オオイタサンショウウオの四種が知られていて、いずれも日本固有種です。産卵のとき以外は陸上で生活し、涼しく暗い場所を好むことから晴れた昼間に見かけることはめったにありません。

ブチサンショウウオは、三重県以西の西日本に分布する山地渓流性のサンショウウオで、外輪山西北外側斜面の菊池渓谷をはじめ北外輪山外側斜面の阿蘇郡南小国町の立岩や満願寺、阿蘇郡小国町上田、外輪山東部の阿蘇市波野の赤仁田、阿蘇郡高森町、南外輪山外側斜面の蘇陽峡のほかカルデラ内の阿蘇谷湯浦からも生息が知られています。

ベッコウサンショウウオ（一九六九年熊本県指定の天然記念物）は、ブチサンショウウオに近縁の山地渓流性の九州固有種で、全体が鼈甲《べっこう》のような美しい色模様をしていることからその名があります。明治十七年（一八八四）に中川久知五高教授が熊本県内で採集した雌一匹をもとにダン（Dunn）が大正十二年（一九二三）に新種として発表しました。分布の中心は九州中央山地で、南外輪山外側斜面の蘇陽峡をはじめ五ヶ瀬川水系の馬見原・菅尾・今村・今滝下などでの生息が知られており、これらの地がほとんど分布の北限になっています。

オオダイガハラサンショウウオは、前二種同様に山地渓流性で、明治四十四年（一九一一）にトンプソン（Thompson）が大和の大台ヶ原で採集した雄一匹によって翌・明治四十五年（一九一二）に同氏によって新種として発表されました。全体が青みを帯びた黒色で、日本産小型サンショウウオの中では最大で、全長が二〇センチメートルに達するものもいます。『阿蘇郡誌』に出ているハコネサンショウウオは九州には生息していませんのでオオダイガハラサンショウウオを見誤ったようです。紀伊半島から四国、九州にかけての山地の渓流沿いの自然林に生息していて、外輪山東部の阿蘇郡高森町で生息が確認されています。

　オオイタサンショウウオは、その名が示すように大分県内が主産地で、佐伯市城山のオオイタサンショウウオは大分県の天然記念物（一九六六年指定）になっています。大分県内では主に沿岸部の平地から丘陵地にかけて生息していますが、分布の西限になる外輪山東部外側斜面の阿蘇郡高森町津留の大野川源流域の生息地は海抜六〇〇～八〇〇メートルと高くて、産卵期も遅くなっています。

ブチサンショウウオ　8月上旬

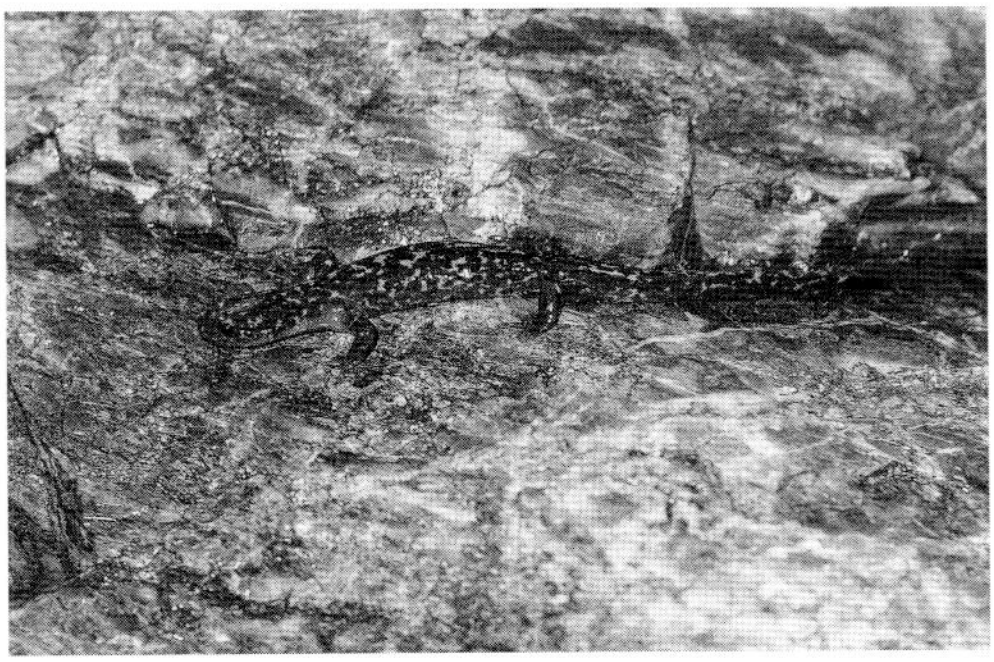

ベッコウサンショウウオ　サンショウウオの仲間では最も美しい。　7月上旬

オオイタサンショウウオ　3月上旬

オオサンショウウオ　10月上旬

オオサンショウウオ（国の特別天然記念物）は、別名「半裂《はんざき》」とも呼ばれ、単に大きいというだけでなくて目蓋を欠いて完全な水生であるなど、小型サンショウウオとはかなり縁遠く、別のオオサンショウウオ科に分類されています。日本産のオオサンショウウオのほかに中国中部産のチュウゴクオオサンショウウオ、それに北アメリカ東部産のアメリカオオサンショウウオ（ヘルベンダー）の三種がいます。オオサンショウウオ科の最古の化石は、北アメリカの新生代古第三紀暁新統（約六〇〇〇万年前）から発見されていて、これらが大西洋側からヨーロッパに進出しました。スイスのボーデン湖近くの古第三紀漸新世（約三五〇〇万年前）の地層から化石が発見されると、これぞノアの洪水で溺死した子供の骨に違いないとして〝洪水の証人〟と名付けられてしまいました。しかし、その後文化八年（一八一一）にフランスの著名な生物学者のキュビエが巨大な両生類の一種であることを看破し、天保元年（一八三〇）にシーボルトが日本からオオサンショウウオを持ち帰ってキュビエ説が正しかったことが証明されました。

古第三紀漸新世（約三五〇〇万年前）以降にはアジアにも広がりました。チュウゴクオオサンショウウオの骨格は漸新世以降に産出する化石種とほとんど同じです。現生三種中最大で、一・五メートルに達し、頭部のイボ状隆起物は小さくて対をなして並んでいることが多く、眼が比較的目立って見えます。アメリカオオサンショウウオは小さくて最大でも七五センチメートルどまりで、あごの下や体側のひだ、尾のつけ根などにしわが多く、成体になっても一対の鰓裂《さいれつ》（えらあな）が残っていることなどで日本産のオオサンショウウオとは区別できます。

南外輪山外側山麓の上益城郡山都町《やまとちょう》馬見原《まみはら》近くの緑川上流で昭和三十年（一九五五）六月二十二日に一匹（体長五三センチメートル）が捕獲され、北外輪山外側斜面の阿蘇郡小国町宮原の杖立川じん渕でも昭和三十五年（一九六〇）七月に一匹（体長七七センチメートル）が捕獲され、さらに昭和四十年（一九六五）六月十九日には外輪山西北外側斜面の菊池市古川の兵藤井手で一匹（体長六五センチメートル、体重六キログラム）が捕獲されています。

カルデラ内でも北外輪山内壁下の阿蘇市湯浦の花原《かばる》川で昭和四十九年（一九七四）七月二十四日に一匹（体長七三センチメートル、体重五・二キログラム）が捕獲され、昭和五十三年（一九七八）五月十七日にも同じく阿蘇市西湯浦の花原川上流で一匹（体長九一センチメートル、体重八キログラム）が捕獲され、それぞれ計測後に放たれています。

これらはいずれも成体ばかりで、幼生は未だ確認されていません。繁殖期には産卵巣穴がある場所に集まって来て、産卵後はどこへともなく分散して行くという。九州では大分県宇佐市院内町の駅館《やっかん》川上流での生息が古くから知られており、この地域から移動して来たのがたまたま見つかったのではないかとも考えられています。オオサンショウウオは幼生でも大きくて、目蓋がないのでほかのサンショウウオの仲間とは容易に区別できますので今後の観察が期待されるところです。

イモリは、腹面が赤いことからアカハラとも呼ばれています。イモリ科のなかでは最も北方に分布し、九州・四国・本州の池や小川、水田などに生息している日本固有種です。生息する地域によって腹部の模様や色合い、求愛行動が異なり、東北、中部、西日本、九州の四つの集団に大きく分けられています。求愛期には多数集まりますが、近年、平地では著しく減少しています。

カエルの仲間

カエルの仲間は、天敵から跳躍して逃げる方向をめざして進化したようで、後肢は前肢に比べて著しく長く太く発達して尾は退化しました。大きな頭が胴に直接くっついたようで、どこが頸《くび》か分からないような寸胴の体形も着地の際の衝撃力によく対応できていそうです。また、大きな眼や大きな頭の幅いっぱいに開く大きな口は、天敵がいない短時間に獲物を一気に効率よく呑み込むのに都合がよいようです。

《トノサマガエル・ヌマガエル・ツチガエル》

トノサマガエルの抱接（交尾）（1997年5月10日、阿蘇郡産山村の池山水源隣接の水田で）

トノサマガエルとヌマガエルは水田との結びつきが強く、ツチガエルは池や小川などに生息しています。

トノサマガエルは、九州・四国・本州のほかに朝鮮半島から中国にかけても分布しており、九州へはおよそ二万〜一万八〇〇〇年前のウルム氷期に朝鮮半島と陸続きだった時代に侵入したとみられています。日本産カエルでは珍しく雌雄異色で、雌の背面は灰白色で雄は黄緑色、黒褐色斑は雌の方が多くて不規則です。ただ明るい背中線は雌雄ともにあります。かつては最も多く普通にいて日本では最も親しまれてきた代表的なカエルでしたが、近年は著しく減少して良質の湧水池やその周辺などの限られた場所でしか見られなくなりました。

ヌマガエルとツチガエルは背面が褐色で大きさも似ていることから混同されていることも多いようです。ヌマガエルの皮膚は滑らかでヌルヌルした感じなのに対して、ツチガエルは乾いてガサガサした感じです。また、背面の褐色もヌマガエルは明るい感じで、ツチガエルは色が濃くて暗い感じです。背面のイボ状隆起物はヌマガエルでは細長くてあまり目立ちませんが、ツチガエルでは多くて目立ちヒキガエルの幼体にも似ていますが耳腺がないことで区別できます。

ヌマガエルには黄白色の背中線があるものが約半分いて、ツチガエルにもときに白っぽい背中線があるものがいます。背中線には体を二分して小さく見せる効果があります。また多くのかえるの腿と脛《すね》の上面にある濃い帯状模様にも分断して小さく見せる効果があるとみられています。

鳴き声は、ヌマガエルが大きな声嚢を膨らませてケレレレ、ケレレレレと大合唱するのに対してツチガエルはギーコ、ギーコとまるで違っています。

《アマガエルとシュレーゲルアオガエル》

アマガエルの「お祈りのポーズ」体表面積を小さくして乾燥を防いでいます。（6月中旬）

アマガエル（アマガエル科）とシュレーゲルアオガエル（アオガエル科）の指先には吸盤があって、産卵期以外には草木の上にいることが多く、どちらも緑色をしていて体色を周囲の色に合わせて変化させるなど似ていて、混同されていることも多いようです。シュレーゲルアオガエルの方が大きく、とくに雌は体長が五～六センチメートルもあって、アマガエルの一・五倍くらいあります。アマガエルのように鼻から鼓膜の後ろにかけての黒条はなく、体色が変化したときも背や肢に黒褐色の斑紋が出たりすることがないことで区別できます。アマガエルは各地で普通に見られますが、シュレーゲルアオガエルは日本固有種で局地的に分布していてアマガエルほど一般的ではありません。

シュレーゲルアオガエルは大きいことや、産卵期に一匹の雌に数匹の雄が抱きついて黄白色の泡状の卵塊をつくることなどからモリアオガエルとも混同されることがあるようで、かつて実際モリアオガエルと同一種と考えられていた時期もありました。卵塊は通常、水田の畦の浅い土中につくられることが多いが、ときには水辺の草本の根元の茂みにつくられることもあります。そのようなときは特に混同されやすいようです。なお、モリアオガエルは九州には分布していないようです。

アマガエルは、浅い池や水田などの水中にバラバラに産卵し、繁殖期は初夏から、ときには初秋まで数か月間の長期にわたります。雨が近づくと大声でよく鳴くこと（レインコール）からその名があり、鳴く場所はある程度きまっていて縄張り（テリトリー）宣言の意味があるようです。一方、シュレーゲルアオガエルの鳴き声はカカカ…カカカ…と朗らかで目立ちますが、主に土中で鳴くことが多いので声はすれども姿は見えずの状態です。

《ニホンアカガエル・ヤマアカガエル・タゴガエル》

ニホンアカガエルは、平地から丘陵にかけての草むらや雑木林などに生息しています。年が明けると間もなく

ニホンアカガエル（2002年８月17日、上益城郡山都町で）

ヤマアカガエル　（1997年10月11日、菊池渓谷で）

日当たりが良い浅い水溜まりや水田などに産卵し、丸い卵塊が見られます。産卵期以外は主に陸上で生活し、水面は泳げても潜水は下手のようです。

　ヤマアカガエルは、山地の森林に生息する日本固有種で、大きさもニホンアカガエルと似ていますが、背側線が鼓膜の周りの黒斑と離れる部分で背中の方に折れ曲がること（ニホンアカガエルでは曲がらない）と、喉に大きい黒斑が数個あることで区別できます。ニホンアカガエルほど多くはありませんが、雨後の林道などで見かけることがあります。

　タゴガエルは山地の渓流沿いのよく茂った森林に生息する日本固有種で、ヤマアカガエルに似ていますが、小さく、頭部が扁平で幅広く、口周縁に小さい黒斑があることなどで区別できます。カエルの仲間では珍しく雌雄で大きさがあまり違わず、むしろ雄が大きい傾向があります。産卵期は三～六月で、沢の岩礫床の伏流水に産卵します。卵はカエルの仲間のものとしては大きくて直径が三～四ミリメートルあり、六〇～一〇〇個からなる卵塊をなしています。幼生の発生は極めて速く、大きい卵黄によって餌なしで変態まで進むことができます。雄はクックックッ…と比較的目立つ声で鳴きますが、岩礫床や岩の割れ目などで鳴きますのでシュレーゲルアオガエル同様に声はすれども姿は見えずです。

《カジカガエル》

　フィーフィフィフィフィフィ…とフルートの音色のような雄の鳴き声が秋の雄鹿の鳴き声を連想させることか

カジカガエル（雄）（1987年6月6日、菊池渓谷で）

ら「河鹿《かじか》」の名が付いたという。万葉の昔から日本人の心をとらえて詩歌にも多く詠まれてきた日本固有のカエルです。

　湯宿皆夕影ひきぬ河鹿鳴く　　虚子

温泉宿で聴くカジカガエルの鳴き声には格別の風情があるようです。

外輪山の渓流では五月から八月にかけての繁殖期によく聞かれ、昼間も鳴きますが、夕方から夜にかけての風が無いときによく鳴きます。雄は体長四センチメートルほどで体は平ぺったく、指先には大きな吸盤があって、流れのゆるやかな岸辺の石の上などでよく鳴いています。しかし、灰褐色に暗い模様の体色は周囲の石の色と紛らわしく、しかも警戒心が強くて人が近づくとすぐ鳴き止んで石の下などに隠れますので鳴き声は聴けても姿を見るのは容易ではありません。カエルの仲間では一般に雌の方が大きく、カジカガエルではその差が著しくて雌は雄の二倍くらいあります。幼生は口器を吸盤として使い、石の表面に付着した珪藻などを削り取って食べています。

《ニホンヒキガエル》

ガマやワクドの呼び名の方が通りがよいかもしれない大型のカエルです。形態の変異が大きくてかつてはいくつもの亜種に分けられていましたが、現在では西南日本産の基亜種ニホンヒキガエルと東北日本産の亜種アズマヒキガエルの二亜種に分けられています。

平地から山地まで幅広くすみ、繁殖期以外は主に陸上で生活しています。平地の庭などにもすみ、昼間は庭石の下などに潜んでいて夕方から活動し始め、昆虫

ニホンヒキガエル　（1981年6月12日、菊池渓谷で）

類やミミズなど地表で動くものは何でも捕食しようとします。

産卵期には池や水溜まりで一匹の雌に数匹の雄がまとわりついてグッグッと鳴きながら奪い合う様は〝ガマ合戦〟とも呼ばれています。産卵期は地域によってかなり大きく異なり、最も早いとされる屋久島では十月に始まりますが、東北や中部地方の高地では七月に始まるという。熊本県内でも平地では十二～二月、山地では四～五月とかなりの幅があります。雄は早熟で成長が早く止まりますが、雌は晩熟で成長期が長いので雄より大きくなります。近年、平地では激減してしまい、山地の森林以外ではほとんど見られなくなってしまいました。

《ウシガエル》

北アメリカ東南部原産の外来種で、雄の縄張り（テリトリー）を宣言して鳴く大声のブォーブォーから牛蛙の名が付きました。体長は二〇センチメートルに達してニホンヒキガエルより大きくなる日本では最大のカエルです。

大正七年（一九一八）にニューオリンズから輸入した一四匹を東京に放ったのが最初といわれ、その後、農商務省（現・農林水産省）の奨励で食用として輸出するために各地で養殖されました。それで別名を食用蛙とも呼ばれています。九州でも大正十四年（一九二五）に福岡県の養蛙場がニューオリンズから一六匹を輸入しています。熊本県内でも戦後間もなく八代海（不知火海）沿岸の松橋《まつばせ》・小川・鏡などを中心に盛んに養殖されて、主にアメリカに輸出していました。しかし、その後、日本では農薬汚染が進行して輸出できなくなり、熊本県内での養殖も昭和三十二年（一九五七）頃には中止されました。

阿蘇谷の黒川や池、用水路などにすんでいますが、いつごろからかはっきりしません。ただ、大正十五年（一九二六）刊の『阿蘇郡誌』には記されていませんので、それ以降であることだけは確かでしょう。

〈皮膚の毒〉

イモリの皮膚や筋肉・内臓にはフグ毒と同じテトロドトキシンが含まれていて、せまい容器にカエルなどを一緒に入れておくと死ぬことがあります。

また、ヒキガエルの皮膚からは、いわゆる〝ガマの油〟と呼ばれているブフォトキシンという強い毒が分泌され、いじめたイヌが死んだこともあります。また、アマガエルの皮膚にも目を強く刺激する物質が含まれていますし、ツチガエルは臭《くさ》いにおいで天敵のヘビが近寄れないようにしているといわれています。両生類の皮膚にはこのようにどの種にも多少毒が含まれている可能性がありますので取り扱いには要注意です。

しかし、毒も使い用では薬になり、ヒキガエルの耳腺から分泌される毒液は強心剤になります。また、イモリの黒焼きは古来ほれぐすりの一つとしてよく知られています。なんでもイモリの雌と雄の黒焼きを粉末にして意中の想う相手に飲ませたり振り掛けたりすると恋が成就するということですが、薬効は今ひとつはっきりしていません。それに現在そんなことをすると犯罪になりかねませんのでご注意を‼

魚類

カルデラ内への降水は、南半分は南郷谷の白川に、北半分は阿蘇谷の黒川にそれぞれ集まって西流し、立野火口瀬で合流してカルデラ外へ流れ出し、有明海へ注いでいます。阿蘇は九州の水瓶といわれるほど水量には恵まれていますが、合流地点近くに懸かる白川の鮎返ノ滝や黒川の数鹿流ヶ滝が魚の遡行を阻げており、加えて中岳の度重なる噴火の影響を受けて魚類相は意外と貧弱です。

噴火の影響は白川のほうが黒川より大きいようで、古くは『筑紫《つくし》風土記《ふどき》（逸文《いつぶん》）』（七一三年頃）に「閼宗（阿蘇）の岳と曰う。頂に霊沼有り…時々水満ち、南より溢れ流れて白川に入れば、もろもろの魚酔いて死ぬ…（原

黒川に懸かる数鹿流ヶ滝。岩は赤瀬溶岩
(輝石かんらん石安山岩)

白川に懸かる鮎返ノ滝。岩は鮎返ノ滝溶岩
(輝石かんらん石玄武岩)

漢文)」とあり、永禄五年(一五六二)の噴火でも火山灰で白川の水が濁って魚が全滅したと記されており、さらに昭和八年(一九三三)の有史以来最大といわれる噴火や平成元年の噴火でも火山灰で白川の水が白濁し、火山灰が魚の鰓に付着して酸欠を起こし、大量死しています。そのようなわけで、現在カルデラ内の水系には十数種の淡水魚の生息しか知られていません。しかも、それも自然分布のものは少なく、大半は人為的にカルデラ外から移入されたもののようです。

魚は、日本人にとって特に貴重なタンパク質源であり、古くから各地で積極的に放流されてきた歴史があり、現在、水系本来の魚類相を知るのは極めて困難な状況にあります。阿蘇カルデラ内の水系とて例外ではなく、阿蘇谷の黒川には江戸時代末頃まではナマズやドジョウ・フナ(ギンブナ)・アブラメ(タカハヤ)などしか生息していなかったようですが、明治の初め頃に坂梨典次(一八七八年没)が、里人の食料のためにと外輪山西北外側斜面に源を発して西流する菊池川からハエ(オイカワ・カワムツ)・カマヅカ(カマツカ)・セイジャ(オヤニラミ)・ビンタ(ニッポンバラタナゴ)・イダ(ウグイ)など十余種を数度にわたって放流した

魚放流の遺澤を刻んだ石碑
（阿蘇市狩尾の黒川右岸）

と伝えられてます。阿蘇市狩尾の黒川右岸にはそのことに感謝して業績を顕彰する石碑（一九二三年に宗子の坂梨惟宗により建立）が建っていて、その遺澤《いたく》を刻んだ碑文には「阿蘇谷の川々に魚の類のいと少かるをうらみ歎き、遠く菊池、山本あたりの河魚どもをもて来て、かつがつこゝの川々に放ちぬ。ここ黒川を始て小川の末々にも鮠《はえ》、かまづかの類の鰭《ひれ》振《ふ》るなり、かくて成川、小野田其《そ》の外《ほか》水に浴へる村里の人々の釣し網して生業とし炙《あぶり》物とする程殖えためり…」とあり、また、このことは阿蘇郡教育会の修身教科書の教材としても取り上げられています。

　近年は輸送網の発達もあって外国産の移入種もみられ、温泉周辺ではグッピー（南アメリカ北部原産）やチカダイ（ナイルテラピア、アフリカ原産）が繁殖したり、阿蘇谷の黒川ではニジマス（北アメリカ原産）やカダヤシ（タップミノウ、北アメリカ東南部原産）、カムルチー（ユーラシア大陸東部原産）などの外来種の野生化も確認されていて、日本在来魚への影響が心配されます。

　阿蘇の魚類について記したものとしてはまず『阿蘇郡誌』（熊本県教育会阿蘇郡支会、一九二六年）があり、一八種が記されています。その表題からカルデラ内だけでなく外輪山外側斜面の渓流も含めた阿蘇郡市全域が網羅されているとみられます。外国産の外来魚などの名は未だなくて、当時の魚類相の全体像を知るうえでは参考になりますが、惜しいことに生息場所についての具体的な記載が全くないのが残念です。生息場所まで記録したものとしては『阿蘇国立公園学術調査報告書』（熊本県、一九七七年）があり、その中に故・吉倉眞熊本大学名誉教授は、阿蘇カルデラ内産在来淡水魚としてヤマメ・アブラハヤ・ニッポンバラタナゴ・カマツカ・カワムツ・オイカワ・コイ・キンブナ・ドジョウ・シマドジョウ・ナマズ・ウナギ・メダカ・オヤニラミ・ドンコ・カワヨシノボリの一六種をあげておられ、黒川水系にはこれら全種を産するが、白川水系にはこれらのうちアブラハヤ・カワムツ・コイ・ウナギ・メダカ・ドンコの六種を産するだけと記されています。

その後、開発に先立つ自然環境調査などによる新知見も得られており、現在、阿蘇カルデラ内に生息している在来魚は六目九科一九種が知られています。その中には環境省のレッドデータリストで絶滅危惧ＩＡ類にランクされているニッポンバラタナゴも含まれています。コイ科の日本固有亜種で、繁殖期に雄の眼の周囲が赤くなることからその名があります。大阪府と九州の一部に分布し、球磨川が分布の南限になっています。ところが一九四〇年代に中国から食用に移入されたソウギョやハクレンなどに交じって侵入した大陸産の亜種タイリクバラタナゴと容易に交雑するために純系の維持が困難になっています。阿蘇ではシュビンタと呼ばれていて、阿蘇市の

ヤマメ　2008年４月15日竹崎水源（阿蘇郡南阿蘇村両併）で

ニッポンバラタナゴ（飼育個体）　阿蘇谷の湧水池は純系の貴重な生息地となっています。

アリアケギバチ（飼育個体）

阿蘇の淡水魚一覧

目	科	種	阿蘇郡誌	阿蘇谷	南郷谷	備考
ウナギ	ウナギ	ウナギ	○	○	○	
サケ	サケ	ヤマメ	エノハ	○	○	
	アユ	アユ	○	／	／	杖立川か？
コイ	コイ	ウグイ	イダ	／	／	杖立川か？
		タカハヤ	アブラメ	○	○	
		オイカワ	シラハエ	○	△	単にハエとも呼ぶ
		カワムツ	ヤマソバエ	○	○	単にハエとも呼ぶ
		ムギツク	ビナシュ	○	／	
		カマツカ	カマヅカ	○	○	
		コイ	コヒ	○	○	
		ギンブナ	フナ	○	△	
		ニッポンバラタナゴ	シュビンタ	○	／	阿蘇町の湧水池
	ドジョウ	ドジョウ	ドゼウ	○	／	
		ヤマトシマドジョウ	／	○	／	
ナマズ	ギギ	アリアケギバチ	ギギュウ	／	／	南小国の中原川か？
	ナマズ	ナマズ	○	○	／	
メダカ	メダカ	メダカ	○	○	○	
スズキ	スズキ	オヤニラミ	／	○	／	セイジャと呼ぶ
	カワスズメ	カワスズメ	／	／	△	
	ハゼ	ドンコ	○	○	○	
		ヨシノボリ	／	／	△	
		カワヨシノボリ	／	○	△	

○数鹿流ヶ滝（黒川）、鮎返りの滝（白川）より上流域で確認
△数鹿流ヶ滝（黒川）、鮎返りの滝（白川）より下流域で確認

湧水池は純系の貴重な生息地になっています。

また、北外輪山外側斜面の阿蘇郡南小国町の中原川では準絶滅危惧種のアリアケギバチの生息も知られています。その名が示すように有明海に注ぐ、福岡・熊本・鹿児島の河川に生息する九州固有種で、分布は局地的です。しかも夜行性で昼間は石の下などに潜んでいますので人目につきにくく、いつの間にか激減してしまいました。

〈鯰宮（国造神社境内末社）**と鯰信仰〉**

阿蘇大明神、健磐龍命がカルデラ湖を干上げて田にしようと外輪山西部の立野火口瀬の場所を蹴破られたとき、湖の主の大ナマズもいっしょに流れ出て着いた先が上益城郡嘉島町の鯰であることは先述のコラムのとおりです。さらに阿蘇谷を流れる黒川が曲がりくねっているのは、大ナマズがのろのろと流れ出た跡だからだとか。

また、別の言い伝えでは、健磐龍命が外輪山を蹴破られると湖水が流れ出しましたが、上半分の湖水がなかなか引かないので不審に思って調べられると、なんと湖の主と思われる大ナマズがひげを往生岳に巻き付け、尾を尾籠《おごもり》（現・阿蘇市尾篭）にひっ掛けて南向きに横たわっていて水をせき止めていたそうです。それで一計を案じられた命は、大ナマズの鼻穴に牛の鼻ぐりを付けるように太い蔓を通して片隅（阿蘇市片隅）の大きな岩（鼻ぐり岩）に結び付けて固定して三つ裂きにされたそうで、それで残っていた湖水も首尾よく引いたそうです。その三つ裂きにした大ナマズを焼いて始末した跡が、JR阿蘇駅と内牧駅の中ほどの北側に三つある丘のうち最も低い灰塚だそうです。

鯰宮（国造神社境内末社）
（阿蘇市一の宮町手野）

干拓後は命自ら進んで田植えをされたそうですが、なぜか不作が続いたそうです。そのわけを天つ神に伺いをたてられたところ、先の大ナマズが祟っているせいとのことでした。そこで命は国造神社境内に鯰宮を建立して大ナマズの霊を祀って慰められるとともに、村人にはナマズを漁ることをかたく禁止されたそうです。西日本ではナマズは縄文時代から広く食用にされてきましたが、それ以来、阿蘇神社の社家は勿論のこと氏子に至るまでナマズを漁ることも食べることもせず、この慣習は明治維新前までは厳しく守られていましたし、現在でも社家では守られています。

　鯰宮に似た信仰は、熊本県内各地にあります。白川河口に近い右岸の熊本市小島町の御坊山《おんぼさん》には阿蘇大明神が祀られていて、洪水のときナマズが神輿《みこし》を運んで来たと言い伝えられています。それで地区の人はナマズを食べないという。なんでも癜《なまず》（慢性皮膚病）に罹ると御利益《ごりやく》があるといわれ、ナマズの絵馬を供えて快復を祈願しています。また、球磨川河口近くの八代市豊原《ぶいわら》の遙拝宮《ようはいぐう》にも阿蘇大明神が祀られていて「鯰は食べません」と書かれた絵馬が並んでいます。

　外輪山西北麓の菊池市旭志姫井《きょくしひめい》の乙姫神社境内には一風変わったナマズの石像が建っています。背面は丸っこく平たい頭に二本の長いひげがあってかなりリアルですぐナマズと分かりますが、腹面側からみると男性のペニスそっくりで、それに乙姫様が抱きすがっているようにしか見えない意味深な石像です。なんでも乙姫様が難にあったときナマズに助けられたのが縁起だそうです。溺れかけられでもしているときにナマズに助けられでもしたのでしょうか。阿蘇市の乙姫神社と姉妹関係にある

ナマズの石像　乙姫神社
（菊池市旭志姫井）境内で

ようで、姫井地区では阿蘇宮司をナマズ背とも呼び、ナマズは食べないそうです。

阿蘇大明神とナマズとの浅からぬ因縁はこのように熊本県内各地で数多く認められることから、阿蘇家はナマズをトーテムとする一族ではないかとも考えられます。『後漢書（倭伝）』の「会稽《かいけい》（浙江省の北部）の海外に東鯷人《とうていじん》あり。分かれて二十余国となる（原漢文）」のくだりの「鯷」はナマズのことだという。そうだとすると東鯷人はナマズをトーテムとする民族と解することもできます。それらの人が住む地が現在どこに当たるかはよく分かりませんが、谷川健一氏は『古代史ノオト』の中で「九州の阿蘇山周辺をおいて他にはない」と述べられています。先の菊池市旭志に隣接の泗水《しすい》にある縄文時代の三万田《みまんだ》遺跡からはナマズの土偶らしいものも出土しています。また、ナマズの学名の種小名が「アソタス asotus」なのもなんとも奇遇です。ナマズが地震を起こすとの俗信は江戸時代からあり、安政二年（一八五五）の江戸大地震を機に決定的となったようです。一方、地震と火山活動が関係深いことも認識されていたようです。阿蘇では大ナマズが地震だけでなく、火山噴火も起こしているのでしょうか。

Ⅲ　人間生活

第五章　人の営みと火山信仰

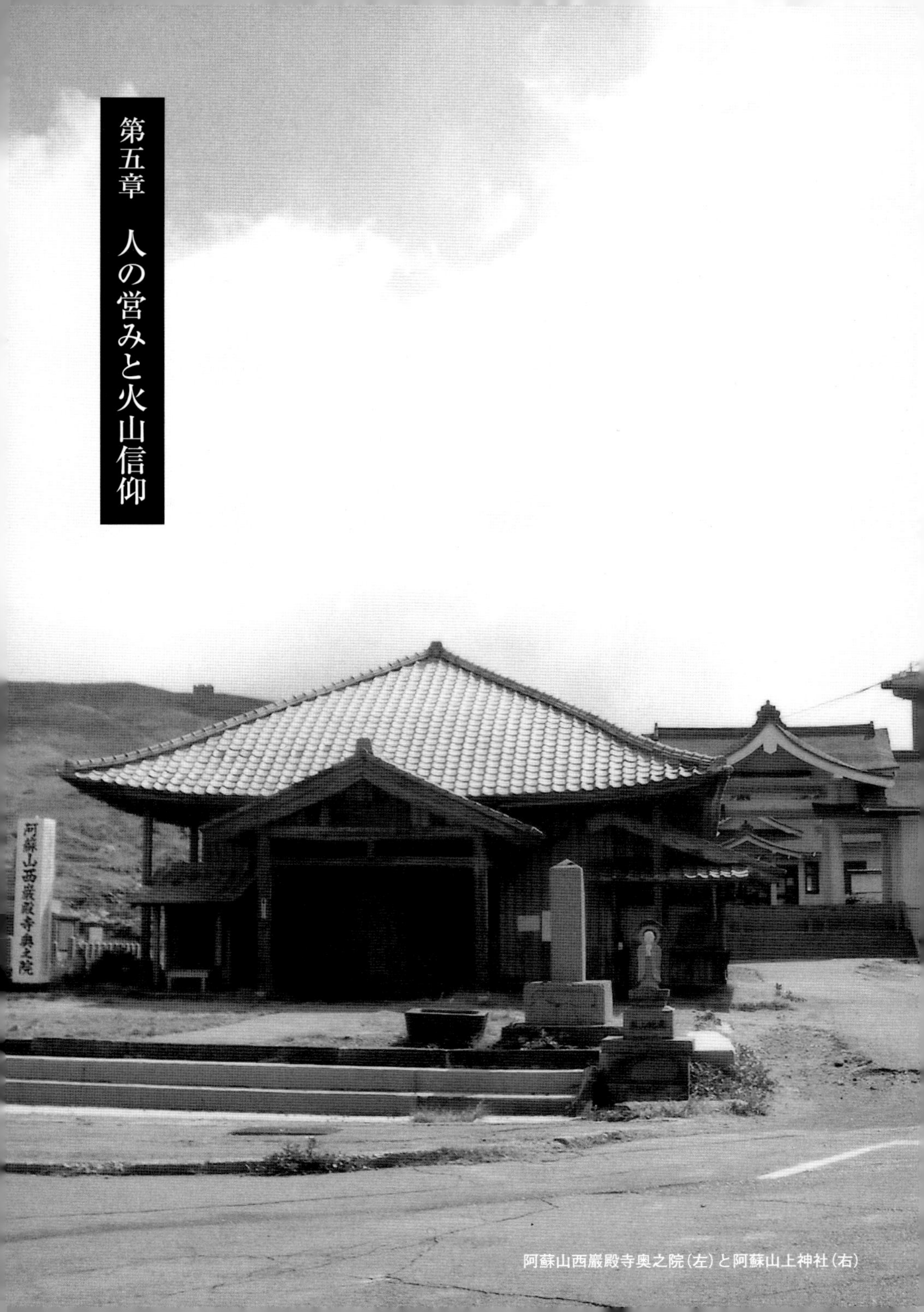

阿蘇山西巌殿寺奥之院（左）と阿蘇山上神社（右）

人類の進化と繁栄

〈人類はアフリカで誕生〉

現代人、つまり動物の一種としてのヒト（Homo《ホモ》 sapiens《サピエンス》）に最も近いとみられている動物は類人猿のチンパンジーで、DNAの違いはわずか一・五％といわれています。人類の遠い祖先もチンパンジーがすむアフリカの熱帯林で誕生して、両者の共通の祖先から分岐したのは今から七〇〇～五〇〇万年前とみられています。

今から一〇〇〇万年くらい前に、地下深くにあるプレートの動きによってアフリカ東部に南北方向の大きな亀裂が生じ、それがだんだん東西方向に開いて大地溝帯が生じました。そこにあった熱帯林は東西に分断され、東部の海側では乾燥化が進行して草原になりました。西部の大陸内部側の熱帯林に留まって進化したのがチンパンジーで、東部の草原に進出して進化したのがヒトというわけです。

東部の草原には現在より草食動物は種類、個体数ともに多く、またライオンやチーター、それに現在は絶滅していないサーベルタイガーなどといった手ごわい肉食獣の天敵も多くいました。しかし、それらの肉食獣の食べ残しはヒトにとっては格好の食物となりました。ただ硬い骨の中にある骨髄などを食べるには石などの道具を使って割る必要がありました。それで手を使うようになったようです。また、ライオンやチーターなどの接近や、その食べ残しをいち早く見つけるのには直立したほうが有利でした。それで草原のように見晴らしが良くて天敵も多い場所での肉食獣に依存した骨肉食の生活では直立二足歩行で手を自由にしたほうが合理的でした。ニホンザルも口にくわえきれないほど大きな食物を見つけたときなどには両手で抱えて直立二足歩行で運んでいます。四足歩行が主のサルと直立二足歩行のヒトでは骨盤の形が異なっています。サルの骨盤は縦長ですが、ヒトでは直立したときに内臓を受け止めるのに都合よいように幅広い横長になっています。

また、理由はよく分かりませんが、サルとヒトでは犬歯と歯並び（歯列）に決定的な違いが認められます。つまり、サルの犬歯は先端が鋭く尖って大きく、あごを閉じたときによく納まるように門歯（切歯）と小臼歯の間にすき間（歯隙）があって歯並びは全体が不連続のU字型をしていますが、ヒトの犬歯は退化して小さく、歯並びもすき間のない連続した放物線状になっています。

人類（ヒト科動物）には、これまでおよそ二〇種の化石人が知られていて、現代人、つまりヒト（Homo sapiens）が誕生するまでには進化の四段階があったことが知られています。まず最初は直立二足歩行を始めた猿人の段階で、今から五〇〇万年前に出現して一〇〇万年前には絶滅したとみられるアウストラロピテクス属などの人類がそれです。その次は道具や火を使うようになった原人の段階で、今から二五〇万年ないし一七〇万年前に出現して二五万年前には絶滅したとみられる、アジア東南部のHomo《ホモ》 erectus《エレクトス》、つまりジャワ原人（ピテカントロプス、一一五万年前から七〇万年前に生存）や北京原人（シナントロプス、七〇万年前に生存）などがそれです。さらにその次が旧石器時代中期のネアンデルタール人（Homo《ホモ》 neanderthalensis《ネアンデルターレンシス》、二〇万年前から二万年前に生存）などの旧人の段階で、最後がヨーロッパに分布していたクロマニョン人などの新人と呼ばれる段階の現代人、つまり、動物分類上のヒト（Homo《ホモ》 sapiens《サピエンス》）というわけです。しかし、これら四段階はバトンタッチするように直線的に推移したわけではありません。現在、人類はヒト（Homo《ホモ》 sapiens《サピエンス》）一種しか生き残っていませんが、過去には段階が異なる複数の人種が共生していた時期も多くあったようです。

〈ヒトの誕生と分布拡大〉

現代人の動物分類上の位置は、哺乳綱、霊長目、真猿亜目、類人猿上科、ヒト科、ヒト属、ヒト（学名Homo《ホモ》 sapiens《サピエンス》〈知恵ある人の意〉）で、先述のとおり、人類（ヒト科動物）唯一の生き残り種で、今から二〇万年〜一五万年前にアフリカ東部にいた一人の女性から生まれて増殖し、その後、世界中に広がって住むようになりました。つまり、ヒトのアフリカ単一起源説で、〝ミトコンドリア・イブ説〟とも呼ばれ、現在、最有力説となっています。アジア東部にはそれ以前にジャワ原人（ピテカントロプス）や北京原人（シナントロプス）がいたことも知られていますが、彼らは絶滅して系統は途絶え、現生のヒトの直接の祖先にはなりえませんでした。現生のヒト（Homo sapiens）の直接の祖先はアフリカに居残っていた原人から新たに進化して誕生したのです。

アフリカで誕生したヒト（Homo sapiens）は、今から一〇万年から六万年前にユーラシア大陸へ移動し始めました。原人の段階でもアフリカからの移動がありましたので人類としては再度の出アフリカということになります。移動理由の一つとしては食物としていた動物たちのユーラシア大陸への移動が考えられています。移動集団はナイル川の流れに沿うように北上して中近東に達し、そこからは東西方向に分かれて進みました。もちろん全部が移動したわけではなく、当然アフリカに留まったものも多くいました。アフリカにそのまま留まったものが現在の黒人（ネグロイド）になっています。

西方に向かった集団は、先住のネアンデルタール旧人（Homo neanderthalensis）を圧倒しながら進み、四万年前には現在のヨーロッパに広く住みつき、白人（コーカソイド）の祖先となりました。なお、先住のネアンデルタール旧人は二万年前には絶滅したとみられています。

東方に向かった集団がわれわれ日本人を含む黄色人（モンゴロイド）の祖先になるわけですが、間もなく巨大なヒマラヤ山脈に立ちはだかれて南北に分かれて進むことになりました。ヒマラヤ山脈の南側を通って東南方に向かった集団は、五万年くらい前には現在のインドシナ半島あたりまで到達しました。そこから北上したのが日本人の祖先になったようです。五万年前というとウルム氷期の最中で、氷結によって海面は現在より一〇〇メートル以上も低くて、インドシナ半島とその先に連なる東南アジアの多くの島々は陸続きになっていました。さらに海を渡って東方に進んだ集団は、四万年くらい前にはオーストラリアに達し、オーストラリアの先住民アボリジニの祖先となりました。アボリジニは一見したところアフリカの黒人（ネグロイド）に似て見えますが、日本人と同じ黄色人（モンゴロイド）に属しています。

ヒマラヤ山脈の北側を通って東北方に向かった集団は、三万年前にシベリアに到達し、その一部はさらにベーリング海峡を渡って一万五〇〇〇年前には北アメリカ大陸に移り住み、その後、南下した集団は一万二〇〇〇年前には南アメリカ大陸の南端まで到達しました。南北アメリカ両大陸にはわずか三〇〇〇年で分布拡大したのです。

一方、三〇〇〇年くらい前には黄色人（モンゴロイド）が太平洋の島々にも移り住みました。そして、一九六九年にはヒト（Homo sapiens）はなんと月にまで出かけてしまったのです。このようにアフリカで誕生し、一五～二〇万年という、地球の歴史四五億年からするとごく短期間に、身体の優れた適応力と周辺の環境を都合よく改変するというほかの動物には真似ができない能力と技術を有して、世界中に広く住むようになったのです。

ところで黒人（ネグロイド）、白人（コーカソイド）、黄色人（モンゴロイド）という語から現生人類に複数種がいるように誤解されるといけませんので説明を付け加えますと、これらは単に紫外線適応度を三段階で分かりやすく表示した程度のものであって、強いて他の動物分類に当てはめてたとえるなら亜種（地理的品種）以下程度の違いでしかなく、現生の人類はヒト（Homo sapiens）唯一種であることを重ねて明記しておきます。

〈身体上の優れた適応力〉

ヒト（Homo sapiens）ほど世界中に広く住んでいる動物はほかにはたぶんいないでしょう。赤道周辺と極周辺では受ける日射量がだいぶ異なり、紫外線量や気温も異なっています。

紫外線は、カルシウム代謝に必要なビタミンDを体内でつくるのに必要ですが、過ぎたるは猶及ばざるが如しで、必要以上に浴びると皮膚癌になったりします。それで紫外線が弱いと細胞内の黒色メラニン色素の量を少なく、つまり色白になって効率よく吸収し、逆に強過ぎるとメラニン量を多くして色黒になりシャットアウトしています。年中紫外線が弱い高緯度地方に住む人が色白で、強い低緯度地方に住む人が色黒で、紫外線が弱まる冬には色白く、強まる夏には色黒くなるのは紫外線への適応の結果です。紫外線への適応の結果なのです。このことは恒温動物一般に広く認められる現象でグロージャーの規則と呼ばれています。

気温への適応は、体の大きさや体表面の凹凸を増減することでなされています。体の大きさ、つまり体積は長さの三乗に比例しますが、面積（皮膚の表面積）は二乗に比例しますので、体積当たりの表面積の割合は、体積、つまり体が大きくなるほど小さくなり、逆に体が小さくなるほど大きくなります。それで体温より高温下で余分な体熱を発散させて体温を一定させるには体を小さくし、逆に低温下で体熱の発散を防いで体温を一定させるには体を大きくしたほうが有利になります。低緯度の温暖な地方に住む人は体が小さく、反対に高緯度の寒冷な地方に住む人は体が大きい傾向がみられるのはそのためです。このように体の大きさが高温下では小さく、低温下では大きくなる現象は恒温動物一般に広く認められる現象で、ベルグマンの規則と呼ばれています。

体熱が発散する皮膚の表面積は、体の大きさ（体積）が同じでも表面の凹凸が多いと広くなります。それで高温下では肢体を細長くスリムにし、低温下では逆に肢体の凹凸をできるだけ小さくしたほうが合理的です。このような現象も恒温動物一般に広く認められ、アレンの規則と呼ばれています。

　以上のことから低緯度の紫外線が強くて温暖な地方に住む人は、一般に色黒で体が小さく細身のスリムな体形が多く、それに対して高緯度の紫外線が弱くて寒冷な地方に住む人は、色白で体が大きくずんぐりした体形が多い傾向が認められます。これらのことがそれぞれが住む自然環境への適応形で、その優れた適応力が世界中に広く住むことを可能にしているのです。

〈日本人のルーツ〉

日本で見つかっている最古の人骨化石は、沖縄県南部から出土した今からおよそ三万二〇〇〇年以前のものとみられる山下町洞人（六～七才）骨で、それに次ぐのは宮古島豊原から出土したおよそ二万六〇〇〇年前のものとみられるピザアブ（山羊）洞人骨です。

　また、沖縄島南部の具志頭村にある港川石灰岩採石場からはおよそ一万八〇〇〇年前の港川人骨が見つかっていますし、沖縄島の西方にある久米島からはおよそ一万五〇〇〇年前の下地原《しもじばる》洞穴人（乳児）骨も出土しています。これらはいずれも現代人より小柄だったとみられる縄文人よりさらに小柄だったようです（縄文人成人男性の推定平均身長一五九センチメートルに対し、港川人は一五三センチメートル）。縄文人との共通点が多いものの、より原始的な特徴も認められています。このように古い人骨化石の出土の多くが南西諸島の沖縄島以南の地に集中しています。それにはサンゴ石灰岩が発達した大地で人骨が保存されやすかったという好条件のせいもありますが、当然日本人の南方からの渡来説が浮上します。つまり、ヒマラヤ山脈の南側を通って五万年くらい前に現在のインドシナ半島あたりに到達した集団の一部が北上して縄文人に進化したというわけです。

　一方、それとは反対に北方からの渡来説も浮上しています。それは北海道から細石刃《さいせきじん》と呼ばれる組み合わせ石器が出土しているからです。細石刃はモンゴルをはじめ北アジアで広く使用されていたからです。つまりヒマラヤの北側を通って三万年前にシベリアに到達した集団の一部が沿海州とサハリンが陸続きだった時代に北方から北海道へ南下したというわけです。いずれにせよ日本列島に今から三万五〇〇〇年くらい前の後期更新世（後期旧石器時代）にヒト（Homo sapiens）が住みついたのは間違いない事実で、それらが縄文人の祖先となったのです。

阿蘇に住む

人の営みは外輪山から

阿蘇に人はいつごろから住み始めたのでしょうか。火山灰質の酸性土壌には人骨は保存されにくいので、人が生活で使用していた石器などから間接的に推察するしかありません。北外輪山の外側斜面に位置する阿蘇郡小国町下城の杖立川と樅木川に挟まれた丘陵の突端部で狩猟に使用したとみられる打製の石製槍先形尖頭器や台形石器、打製のナイフ形石器などが七七九三個も出土しています。これらの打製石器が出土する上下の火山灰層の年代からおよそ二万四〇〇〇年以前のものであることが分かっています。後期更新世（後期旧石器時代後半期）の打製石器で、九州の後期旧石器時代を代表する遺跡（下城《しものじょう》遺跡）となっています。

使用されている石材は、火成岩（黒曜石・安山岩・流紋岩）、堆積岩（溶結凝灰岩・輝緑凝灰岩・チャート・珪質砂岩）、変成岩（珪質頁岩・粘板岩）と多様です。意外なのは阿蘇では得られない水成の堆積岩や変成岩が多いことで、火成の堆積岩でも黒曜石は阿蘇溶結凝灰岩中のもののほかに、九州では最も良質とされている佐賀県伊万里市腰岳《こしだけ》産などもあり、二万四〇〇〇年も前の時代にかなり広域の物流があったことも分かります。

今から二万四〇〇〇年前は、最終のウルム氷期で、氷結によって海面は現在より一〇〇㍍以上も低く、朝鮮半島と九州との間の対馬海峡は現在より狭くて陸化した部分もあったかもしれません。一方、北海道とサハリン間の宗谷海峡は氷結によってつながり、人や、現在は絶滅してしまったマンモスやオオツノジカなどの大型動物が氷上を歩いて日本列島へ南下して来れた時代です。

下城遺跡とほぼ同時代の同様の打製石器は、北外輪山上のミルクロードから遠見ヶ鼻（大観峰）へ向かう付け根部分（大観峰遺跡）からも出土しています。海抜九〇〇㍍の高さにあり、九州では最も高所の遺跡となっています。同様の後期旧石器時代の打製石器は、ほかにも象ヶ鼻遺跡群など北外輪山の六〇〇〜九〇〇㍍の高さや南外輪山西部の外側斜面（阿蘇郡西原村）の四〇〇〜七〇〇㍍の高さの場所からも出土しています。古くはおよそ二万四〇〇〇年前から、新しいものでは縄文時代直前のおよそ一万三〇〇〇年前のものまで阿蘇全体では三十数か所が知られています。いずれの場所も見晴らしが良く、遊動的狩猟採集生活では獲物の動物を見つけるのに都合がよかったようです。阿蘇谷はこの時期にはまだ湖（カルデラ湖）で、住めない状態でした。ただ、南郷谷の方は四万年くらい前に湖は干上がっていたようですが、火山活動が激しかったのでしょう。

阿蘇は九州のほぼ中央部に位置して、谷が放射状に刻まれていますので、人や動物は谷に沿って各方面からやって来ることができたでしょう。噴煙を上げる中央火口丘群がカルデラ湖の湖面で折り返し逆さに映る光景を背景にして外輪山の広大な原野で動物を追いかける古代人の姿が目に浮かぶようです。

旧石器時代末には火山活動も静穏期を迎えたのか、人の営みの場所はカルデラ内にも広がり、北外輪山内壁下の阿蘇市湯浦ではおよそ一万三〇〇〇年前の打製石器が出土しています。

カルデラ内に進出（縄文時代）

氷河期最後のウルム氷期もおよそ一万年前には終息し、地球全体が温暖化する後氷期を迎えました。それまで地球上にあった氷の多くが融けて海面が上昇し、日本列島は大陸から孤立しました。そのため生物の交流も途絶えて生物相も大きく変化しました。マンモスやオオツノジカなどの大型草食性動物は広大な草原が発達していたとみられる大陸棚の水没によって姿を消し、イノシシやシカ・ウサギ・キツネ・タヌキなどの中型以下の動物だけになってしまいました。それで従来のような獲物に接近して槍で突いて仕留める方法は、大型動物には有効だったかもしれませんが、中型以下の動物には効率が悪く、新たに石鏃を付けた矢を弓で射る方法が考案されました。イノシシやシカが主な獲物となり、獲物全体の九〇パーセントを占めました。また獲物の不足を補うために雑穀の栽培も始めたようで遊動的狩猟採集から堅穴住居での定住的狩猟採集生活へ変わりました。石鏃のほかにも木の伐採に適した磨製の石斧なども作られました。従来の石を打ち砕いただけで作った石器に対して、表面を磨いた石器を新石器と呼んでいます。生活用具でもう一つ注目しなければならないのが土器の発明です。土器は食物を煮炊きしたり、貯蔵したりすることができ、生活に大きな変革をもたらせました。気候は今日より温暖で、森林で女子供はクリやドングリなどの木の実を拾い、男はイノシシやシカを狩り、水辺では魚介類を採るなどして食事内容もけっこう豊かになったようです。

縄文とは、生乾きの土器の表面に撚紐《よりひも》を回転させながら押しつけた文様のことで、東北や中部山岳地方で発達して、その後、西日本へも広がりました。縄文土器は、およそ一万年前から二三〇〇年前までの約八〇〇〇年間使用され、その期間を縄文時代と呼んでいます。二五〇様式が知られていて、この期間に製作された土器であればたとえ縄文が付されていなくても縄文土器と呼んでいます。九州に縄文の技法が伝わったのは後期の前半で、二〇種が知られていますが、全体としては縄文のない縄文土器のほうが多く出土しています。

縄文時代は土器の様式の変遷をもとに六期に分けられています。つまり、草創期（BC一万～BC七〇〇〇年）、早期（BC七〇〇〇～BC五〇〇〇年）、前期（BC五〇〇〇年～BC三〇〇〇年）、中期（BC三〇〇〇～BC二〇〇〇年）、後期（BC二〇〇〇～BC一〇〇〇年）、晩期（BC一〇〇〇～BC四〇〇〇年）の六期です。

阿蘇では、縄文時代の遺跡は後期旧石器時代に引き続き、外輪山外側斜面に多いものの、今から八〇〇〇年（BC六〇〇〇年）くらい前の縄文早期にカルデラ内での人の営みも広まりました。北外輪山内側斜面の海抜五〇〇〜六〇〇メートルのなだらかな山麓で、湧水や小川がある場所に縄文早期の遺跡が集中しています。今日では畑になっていますが、石鏃や皮剥ぎ用の石製ナイフ、石皿などがときどき拾われています。

その後は南郷谷で縄文前期の柏木谷遺跡が知られていますが、遺跡は激減します。それは今からおよそ六三〇〇年前の鹿児島県の鬼界カルデラでの大噴火や中央火口丘群の噴火活動の活発化のためではないかと考えられます。鬼界カルデラは、先述のように屋久島の北、硫黄島（鬼界ヶ島）近くの海面下にあって遠く離れていますが、その大噴火でのアカホヤ火山灰は阿蘇カルデラ内でも二〇センチメートル以上堆積しており、縄文人の生活に壊滅的な打撃を与えたと考えられます。

晩期には火山活動も静穏期を迎えたようで、他所から縄文人が移り住み、カルデラ内の小高い場所での生活も始まりました。気候は今日より温暖で海面も高く、熊本平野のほとんどが海底で、海岸線は外輪山の西麓に迫っていました。外輪山西麓の阿蘇郡西原村からは曽畑《そばた》式土器が多数出土しています。丸底の鉢形で表面に細く短い平行の線刻が縦、横、斜めなどびっしりと施されていて、宇土市の曽畑貝塚から最初に発見されたことからそう呼ばれています。九州西海岸を中心に、北は朝鮮半島の韓国釜山市の遺跡から南は沖縄県中頭郡北谷町の遺跡まで出土している国際色豊かな土器です。

一方、外輪山東部の阿蘇市波野の千部塚遺跡からは深鉢形で表面は黒く貝殻で粗くなでてつけられた文様がある轟《とどろき》式土器のほかに、瀬戸内地方の船元《ふなもと》式土器の影響が強く認められる土器片も出土していて、かなり広域の文化交流があったことがうかがわれます。

低湿地で水稲栽培が始まる（弥生時代）

今からおよそ二三〇〇年前、朝鮮半島南部から北九州に大勢の移民が渡来しました。彼らは先住の縄文人よりやや大柄で、面長でまぶたが厚く、目と唇は細くて全体のぺっとした感じの顔付きをしていて、北方アジア人の特徴を備えていました。どうも四二〇〇年くらい前から急に始まった地球的規模の寒冷化と乾燥のせいではないかとみられますが、彼らは水稲栽培の技術と金属器（銅・青銅）という重要な文化を携えていました。

縄文時代にも陸稲は栽培されていましたが、水稲の方が収量も多く品質も大きく上回りました。彼らは安定した食料と金属器で、先住の狩猟採集を中心とした生活をしていた縄文人を圧倒し、一部では混血しながら人口を増加させ、またたく間に日本列島に生活の場を広げていきました。今日の日本人集団はこのようにしてできたという、埴原《はにはら》和郎東京大学名誉教授の有名な「二重構造モデル」で、弥生時代の始まりです。その時代の土器が最初に見つかった貝塚が東京都文京区弥生にあったことからそう名付けられ、約六〇〇年間続くことになります。

縄文時代の日本列島の人口は、最大でも二六万人程度だったと推定されますが、弥生時代には六〇万人くらいに急増したとみられ、現代日本人の原型もこの時代に出来上がったようです。現代人のミトコンドリアＤＮＡは世界でおよそ八〇タイプがあり、そのうち日本人では一六タイプが知られていて、縄文人と弥生人とからなっていることが分かっているからです。ちなみに奈良時代の人口は、納税の記録から概算して約五四〇万人、そして二〇〇〇年度の日本の人口は約一億二〇〇〇万人となっています。

人口増加によって自然への圧力は高まり、自然環境も大きく変化したようです。森林は建材や燃料、あるいは金属製錬のために大量に伐採されました。里山から照葉樹林が消失し、代わって草原や松林が広がりました。三世紀頃の日本のようすが書かれている中国の歴史書『魏志倭人伝』（陳寿《ちんじゅ》著）の植物にはマツが見出せません。そのことは地中の花粉分析の結果からも裏付けられています。しかし、その後の地中からはマツの花粉が急増します。つまり、三世紀頃まではシイやカシなどの常緑広葉樹（照葉樹）の陰樹からなる極相林だったのが伐採されて日当たりを好む生長が速い陽樹の松林に遷移したらしいのです。

北外輪山内壁下の阿蘇市西小園前田におよそ二〇〇〇年前の弥生時代中期後半のムラ跡（円形住居跡）があり、稲穂を刈るのに使用したとみられる石包丁や、北九州の須玖《すく》式の影響がうかがわれる肥後独特の黒髪式土器などが出土しています。石包丁はほかでも出土していますが、いずれも湿地に面した丘陵の先端部に集中しています。初期の水稲栽培は湿地に谷から水を引き込んだだけの小規模で簡単なものだったようです。阿蘇谷西部からは舟の櫂《かい》も出土していることから当時は湿地や湖などが広がっていたようです。

南郷谷東部の南阿蘇村両併で、およそ二〇〇〇年前の約八〇基（木棺墓）からなる集団墓地（幅《はば》遺跡）が見つかっていて、祭祀《さいし》に使用されたとみられる丹塗《にぬり》の高坏《たかつき》（土器）も多数出土しています。一方、外輪山外側西麓の阿蘇郡西原村谷頭《たにがしら》のほぼ同時代のムラ跡（方形と円形住居跡）からは青銅製の鏃《やじり》に模した磨製石鏃を作製する工房跡も見つかっていて青銅器文化の影響がうかがえます。

弥生時代も終わりに近い、三世紀半ばになると阿蘇谷に大きなムラがいくつかできました。阿蘇市乙姫下山西で三四軒の竪穴住居跡と隣接して平石を組んで造られた四基の墓（箱式石棺）が見つかっています。その石棺内にはそれぞれ三〇キログラムを超す多量のベンガラが敷かれていたことは先述のとおりです。石包丁や鉄製の鎌や斧などの農具のほかに、戦闘用と見られる多量の鉄鏃や、祭祀に使用されたとみられる銅戈《どうか》や内行花文鏡、それに熊本県内では初めてのガラス製の首飾り（勾玉）なども出土しています。また、阿蘇市の下扇原《しもおうぎばる》遺跡からは全国で九例目といわれる銅釦《どうこう》（銅製ボタン）も出土しています。破魔《はま》などのために衣服のほか盾《たて》や靫《ゆき》（矢入れの筒）などにつけたとみられます。銅釦と呼ばれていますが、成分分析の結果は銅は二・〇パーセントしか含まれておらず、錫が八六・五パーセント、鉛九・二パーセントで「錫」釦でした。これらの出土品から当時の文化の先進地、北九州との交流があったことがうかがえます。弥生時代の北九州との交易は、主に菊池川を遡り、二重ノ峠を越えて阿蘇谷に至る経路でなされたようです。

三世紀の日本では、中国の三国時代（魏・呉・蜀）の対立抗争の余波を受けて、邪馬台国をはじめ初期国家が抗争を繰り返していました。遊動的狩猟採集の生活が中心だった時代には蓄える必要はなく、余分なものを持てばむしろ移動の妨げになるだけでした。しかし、定住しての農耕生活では秋の収穫物は蓄えて翌年まで食いつなぐ必要があり、食糧や、それを生産する土地などの所有欲が強まって抗争が生じるようになったのです。下山西遺跡からの鉄鏃の多量の出土は、阿蘇にもその余波が及んでいたらしいことがうかがえます。

弥生時代の遺跡は、このほかにも阿蘇市の狩尾遺跡群では一三一軒もの竪穴式住居跡が見つかっていますし、西湯浦陣内でも二二軒の竪穴住居跡と家畜小屋跡が見つかっており、宮山遺跡からは炭化米も出土しています。また、阿蘇谷東部の一の宮町坂梨からも弥生式土器が出土していますが、発掘調査が行われていませんので詳しいことは分かっていません。

弥生時代は、要するに大陸から伝わった水稲栽培が広まって稲作中心の社会が形成されたということです。生活の場所は、カルデラ内の低湿地周辺に移り、竪穴式住居を構えて協同作業をするうえからムラが形成されました。発掘された家畜小屋跡から牛馬やニワトリなども飼育していたと推察されます。食料が安定したことから生活に余裕ができたようで、死後の世界にも思いをはせて墓を築いて丁重に葬むるようになりました。阿蘇谷での水稲栽培は、初めは湿地が多い西部で始まり、しだいに東部へと広がっていきました。

阿蘇谷東部で大繁栄（古墳時代）

農耕に牛馬を導入するなどして水稲栽培技術が向上し、生産性も飛躍的に向上したようで、人口が増加してムラの規模も大きくなりました。

しかし、水稲栽培をはじめ農業は、天候に左右されやすく、しかも阿蘇ではそれに加えて火山噴火も影響します。それでムラの首長は、予言者的なカリスマ性がある司祭者としての性格も有していたとみられます。何事も成否はトップのリーダー・シップ次第で、名首長が亡くなると死後もムラをいつまでも見守っていてほしいとの願いから手厚く葬りました。墓には遺体を収めた棺を収蔵する石室が設けられ、その上には厚く盛土されました。いわゆる古墳と呼ばれるもので、単に古い墓というだけでなく、生前偉大な首長であったことを顕彰し、死後の世界での安寧を願う意味が込められているようです。

大規模な古墳は、大和朝廷が全国を統一していく四世紀に畿内で生まれ、その後、地方へも広がりました。五世紀に最盛期を迎え、六世紀末には北海道を除くほぼ日本全国に広がりました。後では首長だけでなく新しく形成された官人層の古墳まで築かれ、七世紀にかけては群集墳が山間や辺地にまで数多く築かれました。

柏木谷《かやのきだに》遺跡　現在は史跡公園として整備されています。
（阿蘇郡南阿蘇村）

阿蘇での初期の古墳としては南郷谷の南阿蘇村に柏木谷《かやのきだに》遺跡があります。南郷谷ではカルデラ湖の消失は四万年くらい前と阿蘇谷より早いこともあってか、柏木谷一帯にはすでに縄文時代前期から人の営みが始まっていたことは先述のとおりです。現在は〝あそ望郷くぎの〟の柏木谷史跡公園（パークゴルフ場）として整備されていますが、弥生時代には住居と墓（土壙群）がありました。その後、古墳時代になると住居はなくなって一帯は完全に墓地となりました。四世紀の土師器《はじき》が出土する小型の方形周溝墓から、ろくろで成形された須恵器が出土する円形周溝墓、そして大型の円墳へと時を経るにつれて遷移していったようすがうかがえます。最大の円墳は外径が三四・五㍍あり、南郷谷では最大で、円墳としては熊本県内でも大型の部類に入っています。

一方、阿蘇谷は南郷谷より平坦部が多いので水稲の栽培面積も広く確保できました。水稲栽培の中心は、弥生時代までは阿蘇谷西部の黒川下流域の湿地でしたが、水稲栽培技術がさらに向上した古墳時代になると地力に優る上流域に

中通古墳群　（熊本県指定史跡）（阿蘇市一の宮町中通）

移り、いくつもの大きなムラが形成されました。阿蘇で知られている古墳八七基の多くが、阿蘇谷東部の黒川上流域に集中しています。古墳の様式もさまざまで、低い封土の円墳にはじまり、大型の円墳、前方後円墳、巨石による横穴式古墳への遷移が認められます。

北外輪山の象ヶ鼻の下で、黒川上流の鹿漬《しつけ》川と支流の東岳川が合流する阿蘇市一の宮町中通には十二基もの阿蘇最大規模の古墳群（中通古墳群、一九五九年、熊本県指定史跡）があります。四世紀末から五世紀初めに築造されたもので、東岳川右岸（東部）には勝負塚古墳（円墳）をはじめ七基、左岸（西部）には成人女性が葬られていた長目塚古墳（前方後円墳）をはじめ五基があります。

この北東方向約二キロメートルの北外輪山内側山麓の一の宮町手野には六世紀後半に築造された巨石からなる八基の横穴式古墳群（手野古墳群）があり、隣接して阿蘇開発の祖で国造《くにのみやつこ》初代の速瓶玉命《はやみかたまのみこと》を祀る国造《こくぞう》神社も鎮座しています。そのうちで最大の上御倉《かみのみくら》古墳（一九五九年、熊本県指定史跡）は安山岩と阿蘇溶

上御倉古墳　（熊本県指定史跡）
（阿蘇市一の宮町手野）

結凝灰岩（灰石）の巨石で築造された一〇㍍の横穴式石室を有し、熊本県内で有数規模の横穴式古墳です。その横穴を『蘇渓温古』（木原楯臣、一八六六年）には里人は「風穴《かざあな》」と呼んでいると記されていて、阿蘇神社の御田祭りでの御田歌《おんだうた》では風折姫のすまいとされています。このなぞめいた横穴の奥に葬られている主《あるじ》こそ国造神社の主祭神、速瓶玉命を氏神（阿蘇の守護神）として祀った阿蘇君《キミ》の祖ではないでしょうか。

ところで速瓶玉《はやみかたま》の神名にはどんな意味が秘められているのでしょうか。国造神社のすぐ東側には黒川の支流、宮川が流れています。速はその流れの速で、瓶は「水瓶」、玉は「水玉」を意味しているのではないでしょうか。その妃神が雨宮媛命《あめみやひめのみこと》であることからも宮川の水を支配する水分神《みくまりのかみ》、農業神としての性格が感じられます。また、国造神社境内には速瓶玉命と妃神雨宮媛命が自ら祀られたという北宮水神社（境内末社）もあります。宮川の源流域には現在なお「手野の名水」として知られる湧水が見られることは先述のとおりです。宮川の水は生活用水、農業用水として古くから重要だったとみられます。

いずれにせよ、古墳時代には阿蘇谷の東北部が最も開け、この地に有力な首長が存在したことは間違いないでしょう。一帯には律令時代に行われた条里《じょうり》制の里や坪の痕跡を物語る地名も確認されています。阿蘇は、古くには一つの国（クニ）であって、その首長は君（キミ）、つまり阿蘇君は、五世紀後半には領地を大和朝廷に献上して県主となったようです。そして『旧事本紀《くじほんき》』（九世紀頃）の国造本紀に「第十代崇神天皇の御代に神八井耳命《かんやいみみのみこと》（綏靖《すいぜい》天皇の御兄弟）の孫、速瓶玉命を阿蘇の国造（クニノミヤツコ）に定められた」と記されていることから、県制から国造制へ転換後は国造《くにのみやつこ》として阿蘇を統治することになったようです。

〈手野のスギ（元国指定天然記念物）〉

国造神社の境内にあって、樹高約六〇㍍、幹周り約十二㍍は熊本県内では最大級のスギで、樹齢は約二〇〇〇年と推定されています。国造神社の主祭神、速瓶玉命お手植えと伝えられ、「手野の神杉」とも呼ばれています。

玉くしげ　二重の山を越え行かば　手野の神杉見えずかもあらむ

江戸時代後期に国学者の高本紫溟は、手野の神杉についてこう詠んでいます。手野の神杉は巨大カルデラの東端近くにあっても西端近くの二重ノ峠あたりからでも見えるほどの巨大さだったようです。

当初は男杉（陽）と女杉（陰）の二株があって「手野の二本杉（夫婦杉）」とも呼ばれていたそうですが、大きい男杉（陽）は文政年間（一八一八～一八三〇）に落雷で枯死したそうです。生き残った女杉（陰）は大正十三年（一九二四）十二月九日に国の天然記念物に指定されましたが、平成三年九月の台風19号によって幹の地上約十一㍍付近で折損し、あらゆる治療、養生のかいなく阿蘇の人々の営みを長年見つめてきた巨大な神杉は惜しくも枯死してしまい、平成十二年九月六日に国の天然記念物指定が解除されました。

手野のスギ（阿蘇市一の宮町手野）　国造神社の主祭神速瓶玉命お手植えと伝えられる御神木で、元国指定天然記念物。樹齢推定2000年　（1997年4月20日写す）

〈牛馬小史〉

牛馬は、ともに紀元前にアラビア半島の付け根一帯で最初に家畜化されたとみられています。家畜化されたとみられる最古の牛骨がイラクのジャルモから出土しているからで、紀元前五〇〇〇年頃のものです。一方、馬の家畜化はアーリア人によってなされ、紀元前二五〇〇年頃にイラン高原からチグリス・ユーフラテス両大河間のメソポタミアの平野への移住の際には使役《しえき》していたことが知られています。

中国での牛馬飼育の歴史も古く、牛は紀元前二〇〇〇年頃には既に重要な家畜になっていたようです。馬も周代（紀元前一一二一～前七七〇年）には用途によって軍馬、駄馬、耕馬などの品種改良がなされていました。秦の始皇帝は、兵馬俑などから、数頭立ての馬車に武装兵士を乗せた戦車を主戦力にしていたらしいことが推察されます。馬も当初は乗用としてより牛同様に牽引に使役されていたようです。ただ馬には〝速さ〟が期待されました。その理想をきわめたのが翼を有して天をも駆ける想像上の天馬（ペガサス）というわけです。

一方、人にとって大切な牛馬は神に生贄として捧げられもしました。ことに角を有する牛は聖獣とみなされて供犠の対象になりました。「犠牲」の漢字の両方ともが牛偏になっているのはその名残です。日本でも牛馬の神への供犠は古くから行われていて、『日本書紀』（七二〇年）の皇極紀や『日本後紀』（八四〇年）に「旱魃の時など牛馬を殺して神に捧げる」などと記されています。

ところで日本では牛馬はいつごろから飼育されるようになったのでしょうか。三世紀頃の日本のようすが書かれている中国の歴史書『魏志倭人伝』には、日本に牛馬はいないと書かれています。牛についてはよく分かっていませんが、馬については四世紀後半の山梨県塩部《しおべ》遺跡から出土した一頭分の歯が現在のところ最古とされています。牛馬ともおそらく水田稲作と関連して弥生時代末期に大陸から移入されたとみられ、馬の移入が早かったようです。日本で牛馬の飼育が広まったのは、馬具や馬形埴輪の出土などから古墳時代になってからのようです。というより、牛馬を農耕に使役することによって生産性が向上して死後の世界にも思いをはせる余裕ができ、大きな墓を築造できる古墳時代を迎えることができたということでしょう。

四世紀末から七世紀初めにかけて築造された、国指定史跡の塚原古墳群（熊本県下益城郡城南町塚原）からは馬銜《はみ》（轡《くつわ》の一部）を着けたままの一頭分の馬骨が出土しています。また、五世紀後半に築造された、国指定史跡の江田船山古墳（熊本県玉名郡和水《なごみ》町江田）に副葬されていた銀象嵌銘大刀《ぎんぞうがんめいたち》（国宝）は、刀身の背（棟）部分に、日本最古級の「ヤマト言葉」を含む七五文字が一行、銀で象嵌されていることで有名ですが、刀身の根元に描かれている躍動する馬の見事な図にも注目されます。熊本といえば〝馬刺し〟が有名ですが、県内からは馬に関係した出土品も多いのです。六世紀に築造された、国指定史跡の弁慶ヶ穴《べんけいがあな》古墳（同、山鹿市熊入町）の横穴式石室の壁面には、赤・白・青の岩絵具で幾何学文様のほか、舟・馬・人などが装飾風に描かれていて、特に舟と馬の図が多くて目立っています。馬が船に乗った図などもあって馬が海を渡って輸入されたとも受け取れ、葬られている主《あるじ》の生前の生業《なりわい》に想像が膨らみます。阿蘇谷東部の長目塚古墳に隣接した六世紀後半の築造とみられる平井古墳や、塩塚古墳からは馬の口に含ませる鉄製の轡や馬をしばるベルトの飾り金具の雲珠などの馬具類が見つかっています。また、六世紀半ば頃の、熊本県指定史跡の稲荷山《いなりやま》古墳（熊本市清水町）や七世紀初頭の、熊本県指定史跡の才園《さいぞん》古墳（球磨郡あさぎり町）などでも、馬具の轡《くつわ》やベルトに付ける金具の杏葉《ぎょうよう》や雲珠《うず》、それに鉄鈴《てつれい》（馬鈴）などが副葬されていました。また、七世紀の、凝灰岩の岸壁に掘られた、国指定史跡の大村横穴群（人吉市城本町）は、最南端に位置する装飾古墳で、馬の図が複数確認されています。

弁慶ヶ穴古墳（６世紀）の石室壁面に描かれている船に乗った馬図（熊本県山鹿市熊入町）

江田船山古墳（５世紀後半）出土の銀象嵌銘大刀（国宝）の馬図（熊本県玉名郡和水町江田）

話は変わりますが、聖徳太子は厩《うまや》（馬小屋）の前で誕生されたことから厩戸皇子《うまやどのおうじ》と名付けられたと伝えられています。たいへん聡明で、成人されてからは一度に十人からの訴えを聞いて、それぞれに的確な裁断を下されたということから豊聡耳皇子《とよさとみみのおうじ》とも呼ばれました。これは竹を斜め切りしたようなすっきりした耳介を有する馬が怜悧《れいり》な動物とみられていたことも関係しているようです。

古墳時代に馬は貴人や有力者にとっての大切な乗物でした。それは神様にとっても同じことと考えられ、神幸には馬が必需になりました。それで神様に祈願するときには馬を奉納するようになりました。現在の絵馬はそれが簡略化されたもので、その独特の外形は厩（馬小屋）をかたどったものだとか。

『続日本紀』（七九七年）の聖武紀に「馬・牛は人に代わり勤労して人を養う」とあり、『延喜式』（九二七年）には犂《からすき》による牛耕のことや、牛馬の糞が肥料に用いられていたことなどが出ていて牛馬が人間生活、ことに農耕にはなくてはならない存在だったことがうかがえます。力の単位の馬力《ばりき》（PS＝約七三五・五ワット）などはその具体例でしょう。牛馬の重要性は世界共通で、イギリスでの耕地面積の単位エーカー（ac）は、ギリシャ語の頸木《くびき》（二頭の牛を横につなぐ棒）を意味していて、雄牛二頭立てに犂を引かせて一日に耕すことのできる広さ（〇・四ヘクタール）を表していることなどからも分かります。

なお、『延喜式』には阿蘇北外輪山に馬の有名な放牧場が二か所あったことが記されていることは先述のとおりです。

武家社会では、武士にとって馬は生死をともにする戦友以上の存在でした。不破の関（岐阜県関ヶ原町）以東の火山の広大な裾野は放牧に最適で、名馬を多く産し、馬術に秀でた関東武士が育ちました。『源平盛衰記』には、高名な武士と所有した名馬が数多く列挙されています。武士は競って名馬を所有し、弘安三年（一二八〇）には鎌倉に博労座《ばくろうざ》もでき、馬の売買が

駒《こま》曳《ひ》き銭《ぜん》（猿《さる》曳き駒《こま》）　サルと一緒に飼うとウマのストレス解消になるとか。

盛んになりました。牛はもっぱら牽引用に使役されたのに対して馬は乗用として軍事に使役されることが多くなったのです。

日本の在来馬は大陸産より小型で、軍馬には不向きで、北清事変（一九〇〇年）を機に、その反省から馬の改良は国家の急務となりました。在来馬は小型だったので欧米から大型馬を輸入しての品種改良と、従来の神事とは別に、新たに馬券式競馬を開催（一九〇六年）するなどして軍馬振興策がとられました。現在見られる大型馬は明治時代以降に外国から輸入したものの子孫です。北海道や東北地方、それに九州を中心に馬の飼育が盛んになり、一九三〇年代には一五〇万頭を超えました。各地に馬市が立ち、馬部隊駐屯地周辺の農家は飼料としての稲藁の需要や、馬糞、厩肥《きゅうひ》の払い下げによってうるおい、蔬菜《そさい》や果樹の名産地となったところもあります。

しかし、それも第二次大戦までで、戦後は軍馬は不要になり、一方、農耕馬も一九六〇年代以降には農具の機械化によって不要になりました。現在は競走馬を主にわずかに飼育されているだけとなってしまいました。

火山信仰を支えに

火山信仰最古の記録

「阿蘇山有り。其の石、故なくして火起こり、天に接すれば、俗以て異となし、よって禱祭を行う（原漢文）」

これは『隋書（倭国伝）』（六三六年）に見出される一節で、阿蘇山の、いや日本の火山信仰について記された最古の文献です。阿蘇の住民は一度噴火が始まると、その人知を超えた巨大パワーに圧倒されて成すすべもなく、一刻も早く終息してくれることを願ってただ祈るしかありませんでした。

火山活動によって生まれた大地での営みでは、高地ゆえの農作物への風や霜の害に加えて噴火による降灰や噴石による害などもあることは先述のとおりです。風や霜の害は季節的なものでそれなりの対策の立てようもありますが、火山の噴火は突発的で人身に直接被害が及ぶこともあって住民を悩ませてきました。

人知を超えたものに直面して圧倒されると人は畏敬の念から謙虚になります。神は、もともと自然現象に対する畏怖や脅威から生まれて信仰の対象になったもので、人々には霊異は見せてもお姿はお見せになりません。現在ほど科学がまだ発達していなくて、噴火の仕組みも知られていなかった時代には、火山は神そのものであり、噴火はその霊異、つまり神の意思で怒りの発露と考えられたようです。それで神の心、怒りの原因を推しはかってなだめ鎮めようと祈り祭ったのでしょう。

健磐龍命神社

阿蘇山の噴火は、大和朝廷の全国統一が進むなかで、一阿蘇地方の問題としてでなく、国全体の問題として捉えられるようになりました。阿蘇山は霊山として崇められ、火口を神霊池と呼び、阿蘇大明神、健磐龍命の神霊が鎮まっていると信じられました。噴火は、農作物や牛馬、ときには人にまで直接被害を及ぼしますが、それは神の意思、つまり人間が神の不興を買ったための神の怒りであって、さらなる災厄の前兆と考えて恐れられたのです。

しかし、朝廷は、阿蘇山の異変を監視し、祭祀を行って神意を占い、陳謝の意味で幣物を捧げて早く鎮まってくれるよう神頼みするくらいしかすべはありませんでした。その目的で創建されたのが健磐龍命神社（現在の阿蘇神社の前身）です。噴火のたびに火山神、健磐龍命の神威は高められ、それに伴って朝廷の依頼で祭祀を司る地元首長（阿蘇君）の存在感は、下賜される神の料とともに増していきました。『延喜式』（九二七年）の神名帳に肥後国名神として四神、四社が記載されており、そのうちのなんと三神、三社が阿蘇に御座《おわ》します。つまり、健磐龍命神社、阿蘇比咩《ひめ》神社、国造《くにつくり》神社の三社で、残る一社は玉名郡の疋野神社です。この中で、健磐龍命神社が肥後国一の宮（神社）とされていました。その鎮座された場所の地名が「一の宮」で、町名にもなっています。中世に阿蘇は、まさに〝神の国〟といった感じだったようです。

健磐龍命の実像

阿蘇の主神で、肥後国一の宮でもある健磐龍命とはどのような神様でしょうか。健磐龍命の神名が初めて見出せるのは『日本紀略《にほんきりゃく》』です。神代から後一条天皇までの重要な史実を漢文で編年体に略記した歴史書で、朝廷は、弘仁十四年（八二三）に、この神に従四位下勲五等の神階と神の料として千戸の封戸《ふこ》を与えたとあり、その理由として、この神が旱天に祈れば降雨をもたらす護国救民の神だからとしています。雨をつかさどる護国救民の神とは、噴火で住民を苦しめる火山神の印象とは正反対で、意外な気がします。噴火を恐れるあまり心にもないお世辞で御機嫌をとっているとしか思えません。

神名も体《たい》を表していると考えられますが、「健磐龍」の神名にはどんな意味が秘められているのでしょうか。『三大実録』（九〇一年）の貞観六年（八六四）の阿蘇山異変の記録にその手がかりが見出されそうです。「神霊池《しんれいち》（中岳火口の湯溜まり）の異変とともに阿蘇比咩神《ひめがみ》の嶺（高岳か?）にあった高さ四丈（約十二㍍）の三石神のうち二石神が崩壊した」というくだりの部分です。この石神と記されている建っている磐（大石）、大石柱こそ「健磐」で、「龍」は火口から竜巻のようにたち上る噴煙柱を神霊池にすむ龍が天に昇るさまに見立てたのではないでしょうか。日本には火山を神として崇め、御神体を龍または大蛇と見なす伝説が数多く残っています。『三代実録』に貞観十三年（八七一）の鳥海《ちょうかい》山の噴火について「有両大蛇、長十許丈、相流出入於海口、小蛇随者不知其数」とあり、また、長門本『平家物語』では天慶八年（九四五）の霧島山の噴火を目撃した僧円空は「周囲三丈、其長十余丈許《ばかり》なる大蛇、角は枯木の如く生ひ、眼は日月の如く輝き、大に怒れる様にて出来り給ふ」と伝えています。おそらく溶岩流を大蛇に見立てたようで、記紀に登場する「八岐大蛇《やまたのおろち》」も溶岩流ではないかともいわれています。中岳は溶岩を流出した噴火は知られていませんが、つまり健磐龍とは中央火口丘群の中央部に聳え立つ（高岳の？）大石柱（現在はもう見られない）と、隣接して噴煙を上げる中岳火口（神霊池）にかけての山体とみられそうです。神は、先述のようにもともと自然現象に対する畏怖や脅威から生まれて信仰の対象になったもので、大石柱も噴煙を上げる火口も中央火口丘群のほぼ中央部に位置してよく目立ち、阿蘇山の主神が宿るに相応しい条件を十分満たしているように思います。神名が二つの要素から成っているのは中国の陰陽五行説の影響ではないかと考えられます。つまり大石柱の健磐を男神（陽）、龍がすむとみられる火口の神霊池を女神（陰）に見立てて男女神の性格を併せもたせることによって全能神に祭り上げようとしたのではないでしょうか。

ところが阿蘇社所伝の阿蘇十二神系図では健磐龍命（一宮）は神武天皇の第二皇子、神八井耳命《かんやいみみのみこと》の御子となっています。また、妃の阿蘇比咩神（二宮）は神武天皇の第一皇子、彦八井命《ひこやいのみこと》（国龍神、三宮で草部吉見神社の主祭神）の御子となっていて、ともに神武天皇の孫にあたり、いとこ同士になっています。いつからなぜこのように人格神化して認識されるようになったのでしょうか。

詳しくは今後みていくことにしますが、仏教の影響であることは間違いありません。神はもともと自然物に宿ることはあっても実際に具体的な姿を現す性格のものではありませんでした。しかし、神道の日本社会に仏教が広まるにつれて、平安時代の初め（およそ一二〇〇年前）頃から、仏像に倣った木製の神像が京都周辺で造られ、神の性格なども説明されるようになりました。健磐龍命の神像は確認されていませんが、ほかの神像の多くが、当時の平安貴族の男女の正装姿に造られていることから、おそらく同様の姿に捉えられていたのではないでしょうか。

仏教界では、健磐龍命は十一面観世音菩薩の権化とされています。平安時代後期（九〇〇～八〇〇年前）になると仏教界では本地垂迹《ほんじすいじゃく》説での神仏習合の体系化が進み、健磐龍命の本地仏、つまり本来の姿はインドの十一面観世音菩薩で、日本人救済のため健磐龍命としてやって来られていると説明されたのです。西巖殿寺の山上本堂にはクス材一本造りの十一面観世音菩薩立像（十二世紀頃の作・熊本県指定重要文化財）が祀られました。

三神合祀の阿蘇社へ

阿蘇国《くに》の首長である阿蘇君《きみ》の地位は、大和朝廷の全国統一後は国造《くにのみやつこ》として保証されました。しかし、大化の改新（六四五年～）後は、中国に倣《なら》った律令制度では王の伝統を有する国造の地位は否定され、中央政府（朝廷）から派遣される国司の下で一郡の行政にかかわる郡司《ぐんじ》でしかなくなりました。さらに租庸調《そようちょう》の税制により地元からの収益は中央政府（朝廷）と地方政府（国府）に分けて収められることになりました。現在の国税と地方税のようなものです。さらに律令制度の思想的支柱としては新たに伝来した仏教が重要視され、従来の神の座は揺らぎ始めました。

　このような社会変革のなかで、阿蘇君（国造）としては中央政府（朝廷）に上納した富をいかに多く地元に還元させるかが課題になりました。また、阿蘇国を長く統治してきた阿蘇君（国造）には、氏神を祀る国造社をはじめ地元の精神文化や伝統をいかにして守っていくかという課題もありました。そこで担ぎ出されたのが中央政府（朝廷）に覚えめでたい健磐龍命です。国家の命運を占い、鎮護国家の守護神として、律令国家においても政治的要望に応える重要な神であることを強くアピールすることにしたのです。

　健磐龍命と阿蘇比咩神は火山神で、国造社の主祭神、速瓶玉命は阿蘇開発の祖で阿蘇君の氏神であり性格が異なりますが、これら三神を関係付けて系統立てる必要があります。そこで火山神の健磐龍命と阿蘇比咩神は夫婦で、国造社の速瓶玉命はその御子として位置づけられることになりました。それで御子神の阿蘇開発の業績も父神の健磐龍命の業績として吸収し集約して全能の神のように祭り上げました。そして、中央政府（朝廷）から還元される富の受け皿として阿蘇社を創建したのです。社殿は、火山神が御座す中岳火口と氏神を祀る国造社を直線で結ぶ〝聖なるライン〟のちょうど中間地点を宮地に定めて創建されました。それぞれが鎮座されていた地から中間地点に歩み寄ってお集まりいただいたわけです。創建は社伝によると孝霊《こうれい》天皇の九年（紀元前二八二年）となっています。東向きに建っているのは都を鎮護するためだそうで、十二支では卯の方角に当たります。阿蘇神社の神事には月例の初卯の祭をはじめ卯の日が重んじられているのはそのためといわれています。

『筑紫《つくし》風土記（逸文《いつぶん》）』（七一三年頃）に「火口を天下の霊異、（阿蘇郡東西南北の）四境の根元として、閼宗《あそ》（阿蘇）神宮これなり（原漢文）」と記されており、八世紀から九世紀の六国史《りっこくし》の記事にも阿蘇社から朝廷への火山異変の報告がいくつも見出されます。阿蘇山の異変を国の災厄の予告として恐れ崇めた朝廷は、そのつど神の位階を高め、奉幣や神田・神戸を加増するなどして阿蘇の火山神の神威は強められていったのです。

阿蘇社の十二神体制

十世紀以降になると、律令制度が機能低下して地方行政にも波及し始めました。阿蘇山の異変を中央政府（朝廷）に報告し、鎮護国家の祈祷や祭祀を行っても見返りがあまり期待できなくなったのです。そうなると自立・自活の道を模索するしかありません。それで選択されたのが阿蘇の各地に鎮座している神々を集結させて信仰の要、総合社とすることでした。十二世紀前半頃までには綏靖《すいぜい》天皇の御霊（金凝《かなごり》神）まで加えて現在のように十二神を祀る総合社となったのです。また、末社も多く設けられました。阿蘇郡内にとどまらず、熊本県内はもとより、県外でも佐賀、鹿児島の両県を除く九州一円、遠くは本州北端の青森県にまで及びました。熊本県内だけでも約四六〇社、大分県に三二社、福岡県に七社、宮崎県に五社、長崎県に四社、九州のほかにも本州に一三社、四国に一社があり、全国で五一二社にのぼっています。それはあたかも阿蘇山の火山灰（ヨナ）が全国規模で降り積もっているのと同様の感を呈しています。

中世に健磐龍命神社から発展した「阿蘇社」は、近世には阿蘇地方の「阿蘇宮」として、そして明治四年（一八七一）以降は全国規模の「阿蘇神社」へと進化して現在に至っています。なお、宮司職は、速瓶玉命（十一宮）の御子惟人命（彦御子神）を祖とする阿蘇家が代々務めています。

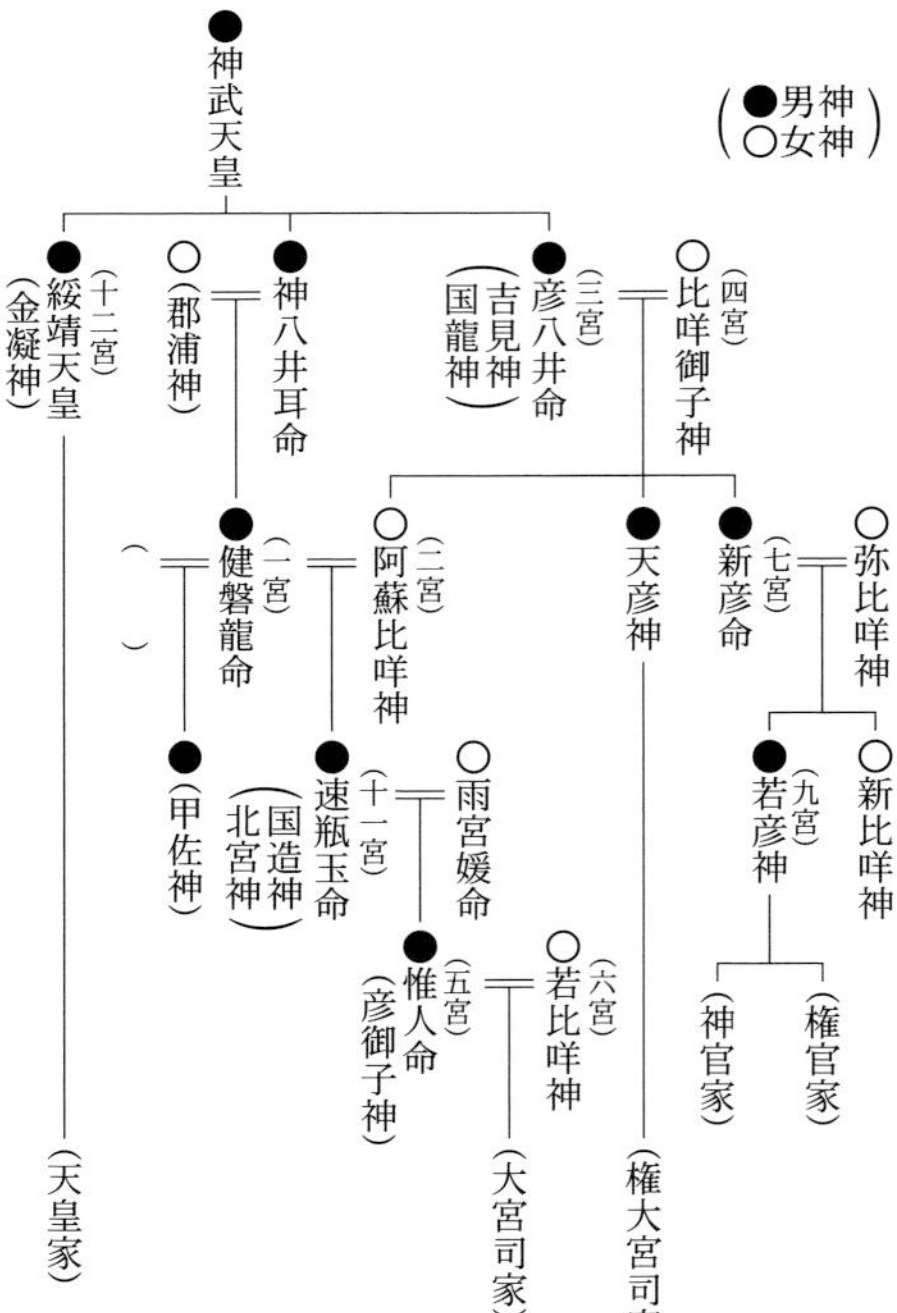

阿蘇十二神系図（阿蘇社所伝）

西巖殿寺

阿蘇社が地元神社の要としての総合社をめざした後も、阿蘇の火山信仰は依然として根強く、その期待に仏教の立場から代わって応えるべく開山したのが天台宗の最栄読師《さいえいとくし》による西巖殿寺《さいがんでんじ》です。最栄読師は、神亀三年（七二六）に聖武天皇の招聘で天竺（インド）から来日した高僧だとか。読師とは、奈良時代に国分寺などの大きな寺で講読した高僧で、平安中期頃からは天台・真言の僧も任ぜられるようになった法会読経の重職です。そんな西栄読師が阿蘇山に赴いた理由ははっきりしていませんが、当時盛んだった修験道が関係しているのかもしれません。

西巖殿寺の名は、最栄読師が篭って法華経を読誦していた中岳火口の近くにある「西の巖殿《いわどの》（洞窟）」の音読みによっています。その場所は、現在バスターミナル横の阿蘇山西巖殿寺奥之院（現在のお堂は明治時代に建てられ

古坊中跡　中岳西麓一帯には平安後期から室町中期にかけて衆徒や行者の坊や庵（支坊）が数多くありました。（中岳西麓）

たもの）や阿蘇山上神社があるあたりとされています。その場所に本堂が建てられたのは、一説では天養元年（一一四四）といわれています。瓦葺きの入母屋《いりもや》造りで、本地垂迹《ほんじすいじゃく》説による神仏習合で十一面観世音菩薩を健磐龍命の本地仏として祀られていたという。つまり、健磐龍命は十一面観世音菩薩の権化というわけです。西方の草原（人工スキー場跡）あたりにかけては天台宗派の衆徒二〇坊と行者一七坊の三七坊、それに五二の庵（支坊）もありました。坊の集まりは坊中と呼びますが、後代に山麓に開かれた新坊中（麓坊中）に対して、古坊中と呼ばれています。

　彼ら仏教徒は、阿蘇の火山信仰を「日本の神々は、インドの仏、菩薩（本地）が日本人を救済するために出現（垂迹）した仮の姿である」とする本地垂迹説と、山岳信仰の理論で仏教の側から再生させたのです。中岳火口を上宮《じょうぐう》、麓の阿蘇社を下宮《げぐう》と呼び、上宮に最も近い場所に寺坊を構えて自らの信仰の権威をアピールしました。火口の湯溜まりを「神池」や「宝池」などと呼び、当時火口内に三つあったとみられる小火口を阿蘇三神として、その本地仏をそれぞれ十一面観世音菩薩、弥勒菩薩、毘沙門天としました。阿蘇の五岳を釈迦の涅槃《ねはん》像や寝仏姿に見立てるようになったのもその流れからでしょう。歴代の皇室や武家の崇敬を集め、鎮護国家の祈祷道場として栄え、肥後国はもちろんのこと西国一帯にその名が知られ、遠く明国《みんこく》（中国）の歴史書にも鎮国山寿安殿《ちんこくさんじゅあんでん》として記されています。

しかし、火口に近いことから、一三〇〇年代から一五〇〇年代にかけて噴火の被害を何度も受けたようです。なかでも文明十六年（一四八四）十二月十日からの噴火は激しくて、僧の大半は下山したという。古坊中跡には現在一〜二・五メートルもの火山灰が堆積しています。

その後、天正十四年（一五八六）に薩摩の島津勢の兵火にかかって坊のほとんどが焼失し、僧たちも離散してしまいました。

慶長六年（一六〇一）、肥後の統治を託された加藤清正は、本堂を修復し、三七坊も麓のＪＲ阿蘇駅（旧、坊中駅）前の登山口一帯に移築して再興させました。寺坊群は、山上の古坊中に対して新坊中とか麓坊中と呼ばれるようになりました。細川氏の入国後もその志は引き継がれて代々崇敬されてきましたが、明治維新により寺領は奉還し、学頭坊跡に西巖殿寺の一寺を残して、ほかは廃寺となりました。明治四年（一八七一）に、現在阿蘇山上神社がある場所にあった山上本堂を麓に移して西巖殿寺の本堂にしていました。天台宗比叡山延暦寺の末寺の一つで、十一面観音・不動明王・釈迦如来・元三大師・最栄読師などの仏像（いずれも一九六三年、熊本県指定重要文化財）などいくつかの貴重な寺宝も蔵していましたが、その本堂も平成十三年九月二十二日夜、不審火によって惜しくも全焼してしまいました。現在、山上にある奥之院は先述のように明治二十三年（一八九〇）、古跡復古運動が起こった際に有志一同によって再建されたものです。

おわりに

阿蘇の原野に一見ゴルフ場と見まがうような鮮やかな緑色をした外来種の牧草地がパッチ状に広がっています。それに野鳥の姿やその鳴き声もめっきり少なくなったようです。今、阿蘇の原野は大きく変貌しています。いや、生物多様性保全の視点からは危機的状態に向かっていると認識したほうがよいでしょう。長草型の採草地が短草型の外来種の牧草地に転換されることは、従来から生育していた分布や進化のうえから貴重な希少植物や、それらに依存して生きている貴重な動物たちなども失われていることを意味しているからです。何事も効率だけが最優先される社会情勢下では野草から牧草へ、緑肥から化学肥料へ、牛馬からトラクターへの転換は時代の流れで、野草の価値が低下してしまったようです。つまり、原野とのこれまでの共生関係が揺らぎ始めているのです。このままでは阿蘇は野生生物の宝庫ではなくなるおそれがあり、生物多様性保全上からは危機的状態に向かっていて心配です。

時代をさかのぼることはできませんが、野草の時代に応じた利用価値は必ずあるはずで、採草地を外来種の牧草地に転換することなくそのままの状態を維持しながらの有効活用法を早急に創出する必要があるように思います。既に、NPOなどによる草原の再生、維持のための活動が始まっていますが、もっと多くの人に広く草原の重要性を認識してもらう必要があります。食の安全性に関心が高まっている折から、化学農薬などは全く使用しない自然の野草を利用した循環型の有機農畜産業はもっと見直されて評価されてもよいように思いますし、また石油に代わるエネルギー源としてのバイオマス利用なども、もっと積極的に推進されてよいように思います。

阿蘇の植物景観を象徴している大陸的ともいえる広大な草原は、そのほとんどが人の営みによって長年管理され維持されてきた文化遺産ともいえる二次的な半自然草原であることはこれまで本文中で何度も繰り返し述べてきたとおりです。地元の熊本県と阿蘇地域七市町村は、阿蘇のユネスコ（国連教育科学文化機関）の世界文化遺産（人類と自然との共生を示す文化的景観）としての登録を目指していますが、その前段階での文化庁の国内暫定リストへの追加記載入りを昨年惜しくも逃してしまいました。人間と火山との共生の在り方を示す文化的景観としての価値は認められましたが、今後の保護措置などに課題があるとみられたのです。そこで平成二十一年度からは再登録へ向け、まずは国の重要文化的景観に選定されることを最重点に取り組むことになりました。また、他方では、阿蘇全域を野外博物館に見立ててのジオパークにしようと、地元の市町村や民間団体などによって構成された阿蘇ジオパーク協議会も平成二十一年五月七日に発足し、活動を開始しました。文化遺産は継承し守り育てていくべき性格のものでしょう。どちらもまず阿蘇の知名度をさらに高めることによって集客力を増し、地元経済の浮揚とともに草原景観も維持していこうということのようです。いずれの方法にせよ、今後たとえどんなに社会が変わっても、阿蘇の草原は生物多様性を保全してきているかけがえのない野生生物の貴重な宝庫であることを忘れずに守っていかなければならないと思います。

本書が、阿蘇の草原をはじめとする自然が大きく変貌している現在、阿蘇が野生生物の素晴らしい貴重な宝庫であることを多くの人に今一度思い起こしてもらい、ひいては今後、阿蘇の自然との好ましい共生関係の在り方を思い描くきっかけになってくれればと願っています。

阿蘇の自然についての一般向けの手ごろな解説書があればと思いつつも、一個人で取り組むには少々大きなテーマで、なかなか踏ん切りがつかないでいました。弦書房の小野静男代表の勧めと励ましがなかったら本書が世に出ることはなかったでしょう。ただただ感謝の気持ちでいっぱいです。

二〇〇九年六月二日　　大田眞也

主要参考文献（本文中に出典を明記したものは除く）

『阿蘇火山』松本徰夫・松本幡郎編著（東海大学出版会、一九八一）
『火山噴火－予知と減災を考える』鎌田浩毅著（岩波書店〈岩波新書〉、二〇〇七）
『人類以前の熊本』伊豆富人編集（熊本日日新聞社、一九六四）
『生きている大地－熊本県の地質と人間生活－』田村実著（自家版、一九六八）
『阿蘇・久住の自然』鈴木時夫編著、六月社、一九六六
『九重の自然と歴史』松本徰夫・武石于雄・佐藤眞一・佐藤三千代・甲斐素純（葦書房、一九九八）
『日本列島の自然史』国立科学博物館編（東海大学出版会、二〇〇六）
『阿蘇の自然』日本自然保護協会編集・発行（一九七三）
『阿蘇国立公園学術調査報告書』国立公園協会編著（熊本県、一九七七）
『熊本の自然』日本生物教育会熊本大会実行委員会（一九七七）
『阿蘇・菊池渓谷の自然』熊本生物研究所（一九九一）
『くまもと自然大百科』熊本日日新聞情報文化センター制作（熊本日日新聞社、一九九五）
『阿蘇－自然と人の営み』熊本大学学生部編（熊本大学、一九九四）
『熊本の植物』熊本記念植物採集会編著（熊本日日新聞社、一九七三）
『図説・日本の植生』沼田眞・岩瀬徹（講談社〈講談社学術文庫〉二〇〇二）
『阿蘇・くじゅうの草原の歴史と未来をさぐる』公開シンポジウム発表要旨集（別府大学文化財研究所、二〇〇八）
『熊本の動物』西岡鉄夫編著（熊本日日新聞社、一九七四）
『菊池渓谷の動物』熊本洞穴研究会編（一九八二）
『ヒメウラナミジャノメが花に来ること－熊本の虫たちとの40年』大塚勲著（自家版、一九八四）
『熊本の野鳥記』大田眞也著（熊本日日新聞社、一九八三）
『熊本の野鳥百科』大田眞也著（マインド、一九八八）
『熊本の野鳥探訪』大田眞也著（海鳥社、一九九四）
『日本の哺乳類』自然環境研究センター編集（東海大学出版会、一九九四）

『レッドデータ日本の哺乳類』日本哺乳類学会編（文一総合出版、一九九七）
『暗闇に生きる動物たち』入江照雄著　生物研究所（一九九七）
『原色両生・爬虫類』千石正一編（家の光協会、一九七九）
『熊本の自然そして両生類の性分化』吉倉眞著（熊日情報文化センター、一九八九）
『両生類の進化』松井正文著（東京大学出版会、一九九六）
『人と動物の日本史（動物の考古学）』西本豊弘編（吉川弘文館、二〇〇八）
『阿蘇郡誌』熊本県教育会阿蘇郡支会編纂（一九二六）
『産山村誌』産山村誌編さん委員会（産山村、一九八八）
『一の宮町史（12分冊）』一の宮町史編纂委員会編集（一の宮町、一九九七－二〇〇一）
『波野村史』波野村史編纂委員会（波野村、一九九八）
『阿蘇町史（第一巻通史編）』阿蘇町町史編さん委員会（阿蘇町、二〇〇四）
『長陽村史』長陽村史編纂室（長陽村、二〇〇四）
『白水村史』白水村史編纂委員会（白水村、二〇〇七）
『蘇陽町誌』蘇陽町誌編纂委員会（蘇陽町、一九九六）
『新・阿蘇学』熊本日日新聞社編集局編著（熊本日日新聞社、一九八七）
『阿蘇』荒木精之（第四回熊本県民文化祭阿蘇実行委員会、一九九一）
『阿蘇家と阿蘇神社展』阿蘇家と阿蘇神社展実行委員会編集（鶴屋百貨店、一九九〇）
『阿蘇の神話と伝説』宮川進編集（鶴屋百貨店、一九九〇）
『阿蘇神社』阿蘇惟之編（学生社、二〇〇七）
『阿蘇の文化遺産（阿蘇家文書修復完成記念）』熊本大学・熊本県立美術館（二〇〇六）

〈著者略歴〉

大田眞也（おおた・しんや）
一九四一年、熊本市生まれ。
野鳥を中心に自然観察を長年楽しんでいる。
日本鳥類保護連盟専門委員。日本自然保護協会の自然観察指導員。日本鳥学会、日本野鳥の会会員。

著書に『熊本の野鳥探訪』（海鳥社）、『カラスは街の王様だ』・『スズメ百態面白帳』（第二十二回熊日出版文化賞受賞）・『阿蘇の博物誌』（以上、葦書房）、『ツバメのくらし百科』・『カラスはホントに悪者か』（以上、弦書房）ほか。

阿蘇《あそ》・森羅万象《しんらばんしょう》

二〇〇九年十一月二十日発行

著　者　大田眞也
発行者　小野静男
発行所　弦　書　房
（〒810・0041）
福岡市中央区大名二−二−四三
ELK大名ビル三〇一
電　話　〇九二・七二六・九八八五
FAX　〇九二・七二六・九八八六

印刷　アロー印刷株式会社
製本　篠原製本株式会社

落丁・乱丁の本はお取り替えします

ISBN978-4-86329-029-7　C0040

◆弦書房の本

カラスはホントに悪者か　大田眞也

霊鳥、それとも悪党？　黒い羽、大きな声、賢さから悪者扱いされてしまうカラスの実態に迫り、人間の自然観と生活習慣に反省を促す《カラス百科》の決定版。
【四六判・並製　276頁】1995円

ツバメのくらし百科　大田眞也

《越冬つばめ》が増えている？　尾長のオスはなぜモテる？身近な野鳥でありながら意外と知らないツバメの生態を丹念に追った観察記の決定版。さまざまな野鳥の生活を著してきた著者の書き下ろし。
【四六判・並製　208頁】1890円

有明海の記憶　池上康稔

有明、母なる海よ――。昭和30〜40年代の有明海沿岸の風物とそこに暮らす人々の喜怒哀楽を活写したモノクロ写真集。松永伍一氏の序文「有明海讃歌」を収録。
【菊判・並製　176頁】2100円

天草写真風土記　小林健浩

宝の島・天草を撮り続けて15年。日本のふる里のよき姿が焼きつけられた写真集。人々の豊かな表情、海や山里の実りある生活、折々の祭りの音など、しみじみと伝わってくる変わりゆくふる里の物語。
【A4判変型・上製　126頁】2500円

〈山と人〉百話　九州の登山史　松尾良彦

修験の山からヒマラヤまで、近代以前〜現代の九州ゆかりの岳人たちが日本・世界各地で繰り広げる壮大な物語を、膨大な文献調査と聞き取りをもとに104編に集成。巻末に《九州の登山史年表》を収録。
【A5判・並製　268頁】2310円

＊表示価格は税込